NATIONAL GEOGRAPHIC

DIETER SCHONLAU
SANDRA HANKE

REGENWÄLDER

LEBEN IM DSCHUNGEL

INHALT

Seiten 2/3: Morgendämmerung auf Borneo.
Seiten 4/5: Orang-Utan-Mutter mit Kind, Borneo.
Seiten 6/7: Fuchsgesichtgecko, Malaysia.
Seiten 8/9: Abenddämmerung am Corantijn, Surinam.
Seiten 10/11: Schmetterlingsraupe im Gegenlicht, Sumatra.
Seiten 12/13: Borneo-Gibbon.
Oben: Granatkehlkolibri, Guatemala, im punktgenauen Schwirrflug auf der Stelle.
Rechte Seite: Bergnebelwald im Hochland von Guatemala. Das begehrteste „Augenfutter“ hängt hoch in den Bäumen.

VORWORT

Wie kommen zwei gestandene Konditoren dazu, ihren krisenfesten Job an den Nagel zu hängen und zu Anwälten des Regenwaldes zu werden? Weg vom Marzipan, hin zu Moskitos, von Torten zu Torturen? Ich bin davon überzeugt, dass viele Menschen so handeln würden, wenn sie je die Gelegenheit hätten, einerseits die überwältigende Lebensform und „Gastfreundschaft" eines intakten Regenwalds zu erleben und dann vielerorts das Drama seiner Bedrohung und Vernichtung. Was der Einzelne anschließend tut, wird von seinen Qualifikationen und gesellschaftlichen Möglichkeiten abhängen. Jeder macht es auf seine Weise. Das vorliegende Werk setzt sich mit der Kraft des Bildes und dem Gespür der Autoren ein. NATIONAL GEOGRAPHIC wirft sein publizistisches Ansehen in die Waagschale. Deshalb wünsche ich dem Buch allen erhofften Erfolg, dem Wald neue Freunde und Bewunderer. Von den Verantwortlichen der infrage kommenden Länder ersehne ich mir Zivilcourage, Kreativität und Entscheidungsstärke zugunsten der Wälder, denn wir haben heute das Wissen um die Gefahren vernichteter Biotope.

Was war bei mir der Anlass, mich für den Regenwald und seine Urbevölkerung starkzumachen? Das liegt lange zurück. Und es währte 20 Jahre. 1980 hörte ich vom letzten noch ursprünglich lebenden Volk Amerikas, den Yanomami im Norden Brasiliens. Es wäre bedroht durch eine Armee von Goldsuchern, sagten brasilianische Menschenrechtler. Die brasilianische Regierung bestritt das. Dieser Widerspruch wurde zum Auslöser meiner ersten Reise zu den Yanomami. Hinzu kamen die Freude am Abenteuer, Spaß am Risiko, Neugier auf die Welt. Vor allem die Bereitschaft, mich auf das Unwägbare in einem primären Regenwald einzulassen.

Für Menschen mit Platzangst, Phobien gegen Spinnen, Mücken und Schlangen ist das nichts. Für sie wäre der Urwald die Hölle. Für Dieter, Sandra und mich ist er das Paradies. Wo sonst findet man eine derartige Vielfalt an Lebewesen? Wo sonst bietet jeder Meter neue Überraschungen? Man steht ehrfürchtig, verzaubert, demütig vor diesem prallen Leben, der Vollendung der Schöpfung. Selten wird einem die Unerbittlichkeit des Kampfes ums Dasein so deutlich wie hier in diesem grandiosen Mit- und Gegeneinander. Die Symbiosen und die Feindschaften. Geradezu in Panik strebt alles dem Licht entgegen. Wer hier langsam ist, unaufmerksam, schwach, krank – der hat keine Chance. Er wird von den Vitaleren umschlungen, erwürgt, niedergedrückt und kompostiert. Mit Wärme und Feuchtigkeit als Beschleuniger wird er zu Dünger für die Stärkeren. Eindringlingen und Einzelgängern wie mir flößt das zunächst Angst und Vorsicht ein, dann Respekt und schließlich ein pralles Lebensgefühl. Nirgendwo sonst habe ich mich so lebendig wahrgenommen wie damals, als ich mutterseelenallein, nackt und ohne Ausrüstung in den Wald eintauchte. Eine Lebensintensität, die unvergleichlich ist, wenn in Millisekunden alle Sinne auf Höchstspannung umschalten und einem Glückshormone und Adrenalin schier aus den Ohren spritzen.

Dann die Zerstörung: Hunderte von Flugzeugen, unzählige illegale Landepisten, Zigtausende bewaffnete Goldsucher. Bürgerkrieg im Regenwald, mafiös perfekt organisiert. Hochdruckwasserpumpen spülten ganze Berge weg. Ungefähr 20000 Yanomami hatten keine Chance. Außer Flucht oder Tod. Satellitenbilder waren damals noch nicht öffentlich zugänglich. So ließ sich das Geschehen offiziell kleinreden oder leugnen. Ich war Augenzeuge geworden und spürte die Herausforderung der Verantwortung. Aber was will ein Zwerg gegen diese Übermacht ausrichten? Ich war „klein“, aber nicht schwach. Mein Survivalwissen und die Kraft der Medien halfen mir. Ich veranstaltete spektakuläre Aktionen. Mit scheinbar ungeeigneten Fahrzeugen fuhr ich dreimal über den Atlantik. Im Tretboot, auf einem Bambusfloß, mit einem massiven Baumstamm. Im Gepäck oder auf den Segeln Appelle an die Weltöffentlichkeit. Ich präsentierte die Fahrzeuge vor dem Weißen Haus in Washington, vor dem Präsidentenpalast in Brasília. Ich konsultierte Papst, Weltbank und Uno. Ich arbeitete als Goldsucher. Mit wechselnden Partnern und allein. Mit Vorträgen, Büchern und Fernsehdokumentationen belegte ich, was passierte. Mit Erfolg, denn die Pro-Yanomami-Lobby wuchs. Vielleicht gibt es doch noch eine allerletzte Möglichkeit, nicht nur das letzte Urvolk Gesamtamerikas, sondern auch die fragilen Gemeinschaften in den anderen Regenwäldern der Welt zu retten: ihre nachhaltige Lebensweise und ihr kostbares Biotop der Nachwelt zu erhalten. Möge dieses Buch dazu beitragen.

Rüdiger Nehberg,
Rausdorf, Sommer 2012

www.target-nehberg.de

WIE ALLES BEGANN

Paderborn 1978. Sandra war zehn Jahre alt und besuchte die örtliche Melanchthon Grundschule. Ihr Religionslehrer Herr Dammerow, der einige Jahre in Südamerika gelebt hatte und dort für soziale Dienste im Einsatz war, berichtete von seiner Arbeit und ließ die Klasse an seinen Erlebnissen teilhaben. Live und voller Begeisterung kommentierte er sein Super-8-Filmmaterial. Sandra erinnert sich an Regenwaldindianer in ihren selbst gebauten Hütten, an riesige Brettwurzelbäume, von denen Lianen herabhingen, an Blätter so groß wie Elefantenohren. Lehrer Dammerow ahmte den Ruf der Brüllaffen nach, erzählte von bunten Papageien, schwärmte von der Urwald-Symphonie bei Sonnenauf- und -untergang, senkte die Stimme zu raunendem Kommentar, wenn riesige Schlangen, die dicker als ein Fußballeroberschenkel waren, ins Bild kamen. Sandra nutzte damals jede Gelegenheit, mehr von ihrem Religionslehrer über diese Welt zu erfahren. Es war Herr Dammerow, der in ihr das „Regenwaldfieber" entfachte. «Er hat mich auf den Weg gebracht, ganz ohne Frage», sagt Sandra heute, etliche Regenzeiten später.

Auch mich hat das Regenwaldfieber schon im frühen Kindesalter gepackt. Ich war als kleiner Junge fasziniert von Bildern und Berichten aus dem Dschungel. Mein Lieblings-Comic war Tarzan, der an Lianen schwingend durch den Regenwald kurvte, sich mit den Tieren verständigen konnte und sie beschützte. Noch heute erzählt mir meine Mutter, dass ich in dem Alter, in dem Pilot und Feuerwehrmann angesagt sind, „Dschungelforscher" werden wollte, ein Wort, das ich noch gar nicht aussprechen konnte. Sie musste mit mir immer, möglichst im Dunklen, durch den Wald spazieren gehen und dabei spannende Geschichten über gefährliche Tiere erzählen. Ich suchte derweil – natürlich immer an ihrer schützenden Hand – die finsteren Dschungel vor Paderborn mit der Taschenlampe ab. Dschungelforscher bin ich nicht geworden, aber der Wunsch, selbst einmal durch Urwälder zu streifen und geheimnisvolle Lebewesen im Dickicht zu entdecken, steckt seit jenen Kindertagen in mir.

„Playa", so hieß die Paderborner Diskothek, in der Sandra und ich uns zum ersten Mal begegnet sind. Wir verstanden und mochten uns auf Anhieb. Und schon nach kurzer Zeit stellten wir fest, dass unsere (Kinder-)Traumwiesen auf denselben Breitengraden lagen. So beschlossen wir, gemeinsam dorthin aufzubrechen. Koste es, was es wolle – und möglichst bald.

Sandra stand 1986 kurz vor ihrer Abschlussprüfung zur Restaurantfachfrau, und ich war soeben Konditormeister geworden, sozusagen frischgebacken. Wir planten damals, in ungefähr zwei Jahren zur ersten großen gemeinsamen Reise aufzubrechen. Genügend Zeit für die Vorbereitung, sagten wir uns, und hoffentlich auch hinreichend, um unsere bis dahin leere Reisekasse etwas aufzufüllen. Wir arbeiteten fast jeden Tag und sparten jeden Pfennig.

Wir durchstöberten die Buchhandlungen nach Reiseführern und Bildbänden über den Regenwald. Ein Buch von dem bekannten Abenteurer Rüdiger Nehberg (zu meinem Entzücken Konditor wie ich) mit dem Titel „Survival – Die Kunst zu überleben" bekam ich von Sandra zu meinem 24. Geburtstag geschenkt. Das passte gut, denn überleben wollten wir ja, Abenteuer hin oder her.

Dieses Foto entstand 1988 während unserer ersten Reise nach Indonesien. Sie führte uns auch in die Bergurwälder von Irian Jaya, dem indonesischen Teil von Neuguinea. Wir hatten damals unser Zelt für einige Tage in der Nähe eines Dorfes der Dani aufgeschlagen. Obwohl wir uns nur schlecht mit ihnen verständigen konnten, stimmte die Chemie perfekt. Wir begleiteten sie zur Jagd, tranken am wärmenden Feuer Tee und wurden eingeladen, an nächtlichen Tanzfesten teilzunehmen. Unvergessliche Erlebnisse!

Nach und nach kauften wir unsere Ausrüstung zusammen: Rucksäcke, die wir erst einmal vollstopften, um ein Gefühl dafür zu bekommen, was wir demnächst monatelang mit uns würden herumschleppen müssen. Ein Zelt – wir hatten damals keinen Schimmer, wie ein regenwaldtaugliches beschaffen sein muss – war schnell angeschafft. Zur Probe schlugen wir es zu Hause im Wohnzimmer auf und verbrachten einige Wir-tun-so-als-ob-Nächte zwischen Sofa und Tisch. Wir malten uns aus, wie es sein würde, wenn wir zum ersten Mal das Zelt zwischen Urwaldriesen aufschlagen würden, und wie es sich wohl anhören würde im nächtlichen Urwald. Unsere Reisefieberkurve stieg, und wir zählten die Tage, bis es endlich losgehen sollte.

Meine Fotoausrüstung bestand aus einer Spiegelreflexkamera, zwei Zoomobjektiven von 35 bis 200 mm, Blitzgerät und einem Dreibeinstativ. Mit dieser Ausrüstung hatte ich immerhin schon einige Erfahrung in der heimischen Natur gesammelt. Alles zusammen verstaute ich in einen selbst konstruierten Kamerarucksack. Für unsere ersten Reise – wir planten, ungefähr ein Jahr unterwegs zu sein (nein, nicht wirklich – die eigentliche Idee war, so lange zu reisen, bis wir „satt“ wären und keine neuen Eindrücke mehr aufnehmen könnten) – kaufte ich genau 34 Diafilme mit jeweils 36 Aufnahmen. Mehr hätte das knapp bemessene Budget ohnehin nicht erlaubt.

Obwohl wir uns einfach treiben lassen und dort, wo es uns gefiele, bleiben wollten, stand die grobe Reiseroute fest: Durch die Regenwälder Indonesiens sollte sie führen, Sumatra, Borneo, Sulawesi und Irian Jaya hießen die von dichtem Urwald bedeckten Inseln, zu denen wir reisen wollten.

Um frei und unabhängig zu sein, lösten wir uns von allem, was in der Zivilisation als unverzichtbar gilt. Wir waren mit Reiseantritt nicht mehr sozial abgesichert, kündigten den Mietvertrag, verkauften das Mobiliar und nur einige, sehr persönliche Dinge deponierten wir bei unseren Eltern. Alles, was noch übrig blieb, stopften wir in unsere Rucksäcke. So standen wir 1987, rückblickend betrachtet vollkommen ahnungslos und unvorbereitet, am Schalter des Frankfurter Flughafens, in den Händen je ein Oneway-Ticket ins erste Dschungelabenteuer.

Seitdem sind über 25 Jahre vergangen, Jahre, in denen wir immer wieder in die Regenwälder der Erde aufgebrochen sind. Mittlerweile haben wir über zehn Jahre unter Dschungelkronendächern gelebt. Aber eines hat sich in diesem Vierteljahrhundert nicht geändert: Noch genau wie am ersten Tag lodert in uns die Begeisterung; und am letzten Tag jeder Dschungeltour beginnt die Vorfreude auf die nächste.

Beklemmend? Erschreckend? Unheimlich? Sandra und ich schütteln immer synchron den Kopf, wenn wir, etwa nach Dia-Shows, vom Publikum befragt werden. Wir haben die Regenwälder anders kennengelernt: Es regnete – oft und viel! Aber es regnete auch Wunder. Von diesem Wunderbaren wollen wir etwas weitergeben und wenn möglich damit auch Unterstützer im Kampf gegen die Regenwaldvernichter gewinnen.

Oft müssen wir auf dem Weg zu neuen Fotorevieren breite Regenwaldflüsse durchqueren. Um die Ausrüstung trocken ans andere Ufer zu bringen, schnüren wir alles, wasserdicht verpackt, auf eine Luftmatratze.

Mit rund 752000 Quadratkilometern ist Borneo mehr als doppelt so groß wie Deutschland. Berühmt ist die Tropeninsel für ihre Fauna, die Jahrmillionen Zeit hatte sich zu entwickeln – unberührt vom großen Hobel einer Eiszeit.

BORNEO
INSEL UNTER WOLKEN

Die drittgrößte Insel der Erde ist für uns die Größte. Es gibt vergleichbar beeindruckende Regenwälder in Afrika oder Südamerika, aber Borneo war sozusagen unser Initiations-Dschungel. Der Anfang aller Wunder – und die große Sehschule.

Borneo. Lässt man sich den Namen auf der Zunge zergehen, schmeckt man die Essenz aus Abenteuer und Exotik. Wer sich einschifft auf dieser Arche Noah der Artenvielfalt, nimmt Kurs auf ein Blättermeer, in und unter dem das pralle Leben wimmelt. Eine andere Welt am Ende der Welt. Und soll es dort nicht noch Kopfjäger …?

Die Insel im indonesischen Archipel ist mit rund 752000 Quadratkilometern mehr als doppelt so groß wie Deutschland und nach Grönland und Neuguinea das drittgrößte Eiland der Welt. Politisch ist Borneo auf drei Staaten aufgeteilt. Im Norden liegen die beiden malaysischen Provinzen Sabah und Sarawak sowie das souveräne Sultanat Brunei. Der größere Südteil, das ehemalige Niederländisch-Borneo, gehört heute unter dem Namen Kalimantan zu Indonesien.

Noch vor einigen Jahrzehnten war Borneo fast vollständig mit dichtem Regenwald bewachsen, der von oben betrachtet wie ein riesiger Brokkoli in unterschiedlichen Grüntönen schimmerte. Das Grün ist geblieben, die vielen Farbnuancen allerdings sind verschwunden und auf riesengroßen Flächen einem Einheitsgrün gewichen: Palmölplantagen fressen sich in den Regenwald vor. Fast ein Fünftel der Fläche der malaysischen Provinz Sabah ist von Ölpalmen bedeckt – Tendenz fortschreitend. Ausgedehnte, noch völlig intakte Gebiete mit uralten Regenwäldern konzentrieren sich heute nur noch im schwer zugänglichen, gebirgigen Landesinneren.

Dem Ruf der Wildnis folgend brachen Sandra und ich 1989 zu unserer ersten mehrmonatigen Rucksackreise nach Borneo auf. Eines unserer Ziele war das „Camp Leakey“, eine Forschungsstation (Schwerpunkt Orang-Utans) im Tanjung Puting Nationalpark, im Süden Kalimantans gelegen. Gegründet worden war sie 1971 von der in Deutschland geborenen kanadischen Zoologin und Verhaltensforscherin Biruté Mary F. Galdikas. Sie war neben Dian Fossey (Gorillas) und Jane Goodall (Schimpansen) eine der Frauen, die von dem berühmten Paläontologen Louis Leakey, Namensgeber des Camps, dazu inspiriert wurde, ihr Forscherleben dem Verhalten der drei Großen Menschenaffen zu widmen. Die drei großen Damen der Primatenforschung und -rettung wurden als „Leakeys Engel“ weltberühmt und Vorbilder für eine ganze Generation engagierter Wissenschaftler.

Wir hatten damals das große Glück, die Primatenforscherin in ihrem Camp persönlich kennenzulernen. Enthusiastisch erzählte sie von ihrer Arbeit mit den Orang-Utans, während sie uns durch ihre Station führte. Sie schilderte uns gerade die Problematik des schwindenden Lebensraumes,

Folgende Seiten: Kurz vor Sonnenaufgang.

als ein junger Orang auf uns zuhumpelte. Der kleine Kerl hatte nur noch einen Arm, der andere war ihm durch die Wucht eines herabstürzenden Baumes abgerissen worden, ein Schlag, der seine Mutter getötet hatte. Wilderer hatten den Baum gefällt, eine gängige Methode, um junge Orangs einzufangen und sie anschließend zu verkaufen, erklärte uns Biruté Galdikas. Das kleine Fellbündel kauerte sich auf meinen Fuß und hielt sich mit dem verbliebenen Arm an meiner Wade fest. Ich wusste nicht so genau, wie ich mich verhalten sollte und schaute die Zoologin fragend an. «Lass ihn einfach sitzen, er braucht nur etwas Zuneigung», meinte sie. Wir gingen, ihren Erklärungen lauschend, weiter durchs Camp, wobei der kleine Orang auf meinem Spann ritt. Eindringlich erzählte uns Biruté Galdikas von ihrem Kampf gegen die Zerstörung der Regenwälder und davon, was die brachialen Rodungen für die Waldbewohner, für Menschen und Tiere, bedeuteten. Sie berichtete aber auch von unberührten Urwäldern im Inneren Borneos. Wissbegierig saugten wir alles in uns auf, und unser Wunsch wuchs, tiefer in die Urlandschaften der Insel vorzudringen.

Wir hätten der großen Primatenforscherin noch tagelang zuhören können, aber ihre Zeit gehörte den Orangs. Bei unserer Verabschiedung mussten wir uns auch von dem kleinen Kerl trennen, der sich immer noch an mich klammerte. Vorsichtig versuchte ich sein dünnes Ärmchen von meiner Wade zu lösen, worauf der rote Zottel noch kräftiger festhielt und anfing zu wimmern. Sandra und ich beugten uns zu ihm hinab, schauten ihm in die Augen und versuchten ihm zu erklären, dass wir jetzt gehen müssten und er hier doch viel besser aufgehoben sei. Er sah uns mit Blicken an, die wir nie vergessen werden; in seinen großen, dunklen Augen glomm Verzweiflung, und seine Lippen fingen an zu zucken. Obwohl wir wussten, dass sich der kleine „Klammeraffe“ hier in besten Händen befand, konnten wir uns nur schweren Herzens von ihm trennen. Sein verwirrter Blick verfolgte uns.

Addieren wir unsere sieben Reisen, sind wir bisher eineinhalb Jahre durch Borneos Urwälder gestreift. Sie zählen zu den ältesten Regenwäldern der Erde, schon deshalb, weil Eis- und Kaltzeiten hier nicht wie in vielen äquatorfernen Regionen der Erde periodisch das Arteninventar verringern oder gar auslöschen konnten. Ein einziger Garten Eden, dieses Borneo, dessen Regenwald von einigen Wissenschaftlern auf über 100 Millionen Jahre geschätzt wird. Genügend Zeit also für die Natur, eine unvergleichliche Flora und Fauna zu schaffen, ein Wunderland, dessen Artenvielfalt nicht zu beziffern ist.

Zu Beginn unserer ersten Reise nach Kalimantan sprachen und verstanden wir nur drei Wörter Bahasa Indonesia (Indonesisch). *Terimakasih banyak* und *baik* – „vielen Dank“ und „gut“. Das war für Begegnungen mit den immer freundlichen, hilfsbereiten Menschen zunächst ausreichend. Die Urbevölkerung Borneos sind die Dayaks (was so viel wie „die landeinwärts Lebenden“ heißt), eine ethnische Großgruppe, zu der viele unterschiedliche Volksgruppen zählen. Darunter auch die Penan; sie bilden auf Borneo eine der letzten Gemeinschaften von nomadischen Jägern und Sammlern. Bekannt sind die Langhäuser der sesshaften Dayaks – kein Naturfilmer oder -fotograf auf Borneo, der an ihnen vor-

«Dayak-Langhäuser wachsen mit der Dorfgemeinschaft.»

beigeschwenkt hätte. Ganze Dorfgemeinschaften leben unter einem Dach, das mit der Anzahl seiner Bewohner wächst und über 100 Meter lang werden kann.

Auf unserer ersten Tour ins zentrale Borneo verbrachten wir einige Tage in unterschiedlichen Langhäusern, die entlang den Flüssen lagen, den oft einzigen „Straßen" ins Landesinnere. Zu den etwas küstennäheren Häusern gab es noch reguläre Bootsverbindungen, landein- und flussaufwärts wurden sie immer sporadischer. Irgendwann ging es lediglich per „Dorfhopping" weiter. Die Langhäuser tauchten nur noch dann und wann am Ufer auf, und die Vegetation wurde dichter. Bei einer dieser Bootstouren hatten wir unsere erste Begegnung mit den wohl eigentümlichsten Bewohnern Borneos, den Nasenaffen. Nicht selten, aber immer wieder Highlights sind die Eisvögel, auf die wir bei jeder Flusstour treffen. Vom Lärm des Bootes aufgescheucht, fliegen die Kingfisher von ihren Jagdansitzen auf, und dabei funkelt ihr Federkleid, als wäre es paillettenbesetzt. Magie pur!

Erreichten wir ein Dorf, begrüßte uns jedes Mal eine Kinderschar mit ausgelassenem «Hello, hello, hello». Immer wurden wir aufgefordert zu bleiben, worauf wir meist mit einem «*Terimakasih banyak*» antworteten: «Vielen Dank!» Wir durften im Langhaus schlafen und bekamen Essen und Trinken gereicht. Die Verständigung klappte von Mal zu Mal besser; ständig blätterten wir im Wörterbuch, um die vielen Fragen zu beantworten, die man uns stellte. Häufigste Frage: «Seid ihr verheiratet?» Und tausendmal die Frage: «Wie viele Kinder habt ihr?» Bei der Antwort haben wir hin und wieder ein wenig geflunkert und behauptet, wir hätten zwei Kinder, auf die gerade unsere Eltern in Deutschland aufpassten. Dass Mann und Frau keine Kinder haben, ist absolut unvorstellbar und wäre entsprechend unerklärbar gewesen.

Nie konnten wir allein in den Wald gehen, immer war jemand an unserer Seite, um uns zu „beschützen" und uns alles zu erklären. Fotografieren war fast unmöglich. Sobald ich den Apparat aufgebaut hatte, drängelte sich ein Haufen aufgeregt schnatternder Kinder hinter mir, die alle mal durch den Kamerasucher schauen wollten.

Dieser erste Anlauf bescherte uns insgesamt ein Jahr in Indonesien und neben Borneo auch die Regenwälder von Sumatra, Sulawesi und Irian Jaya, den indonesischen Teil von Neuguinea. Ganze 34 belichtete Diafilme, das entspricht etwa 1200 Fotos, brachten wir damals mit nach Hause. Wir ärgern uns immer noch über unsere damalige Sparsamkeit. Heute, im voll digitalisierten Zeitalter, sind 1200 Klicks gerade mal Wochendurchschnitt.

Bisher (März 2012) reisten wir siebenmal nach Borneo, und jede Fotosafari baute auf den Erfahrungen der vorherigen auf. Mit mehr Know-how und immer besserer Ausrüstung bereisten wir gezielter bestimmte Regionen, die meist über die ganze Insel verteilt lagen.

Um bessere Chancen auf eine gute Ausbeute an Fotos zu haben, passen Sandra und ich uns dem Tagesrhythmus der Waldbewohner an. Schon lange vor Sonnenaufgang sind wir tief im Wald unterwegs, um rechtzeitig zum „Schichtwechsel" vor Ort zu sein. Wenn die ersten Umrisse der Pflanzenwelt im Dämmerlicht sichtbar werden, beginnen die Insekten mit einem Ge-

Maronenlangur
Es ist nicht einfach, diese kleinen, quirligen Kerle zu fotografieren. Den ganzen Tag lang durchstreifen sie in Gruppen das Kronendach auf der Suche nach ihrer Lieblingsspeise: Samen und Blüten.

Folgende Seiten:
Nashornvogel
Eine majestätische Erscheinung im Reich der Myriaden Blätter. Der Vogel ist sein eigener Herold. Schon von weitem kündigt er sich mit einem heiseren, metallischen Kreischen an.

brause, das wirklich unbeschreiblich ist und bisweilen eine so schmerzende Tonhöhe und Lautstärke erreicht, dass Sandra sich Watte in die Ohren stopft. Sobald sich die ersten Sonnenstrahlen durch die milchigen Nebelschwaden bohren, verstummen die Insekten, und die Gibbons übernehmen. Ihr Gesang hebt an, wenn die Landschaft wie Gold zu schimmern beginnt.

Eines Morgens – Sandra half mir gerade dabei, eine kleine Risswunde, die ich mir beim Herabklettern von einem Baum zugezogen hatte, zu versorgen – hörten wir den unverkennbaren Flügelschlag eines Nashornvogels. (Das Geräusch, das seine kurzen Flügel machen, glaubte ich kürzlich wiederzuerkennen, als in einem Actionfilm ein Hubschrauber bildfüllend abstürzte.) Der Prachtkerl landete direkt über uns in dem Baum und begann sofort, lauthals über mein Missgeschick zu lachen. Das nicht endende Haaaaaahaaaa-hahahahah, das aus seinem großen, knallig orange-rot gefärbten Schnabel drang, klang für unsere Ohren geradezu schadenfroh. Wir schauten uns erst verwundert, dann begeistert an und mussten an uns halten, um ihn nicht mit unserem Gelächter zu verscheuchen.

Die Jahrmillionen alten Wälder des Danum Valleys, in denen auf einigen Quadratkilometern mehr Pflanzenarten wachsen als in ganz Europa, haben einiges hervorgebracht, das man ohne Sichtbeweis nicht glauben würde. So gibt es zum Beispiel Schlangen, die durch die Luft „fliegen" (genauer: im stumpfen Winkel abwärts gleiten), ein Kunststück, das Bioniker und Aerodynamiker über den technischen Nutzwert dieser Flugnummern nachdenken lässt. Noch besser können es Gleithörnchen, die in Borneo aussehen wie T-Shirts, die durch die Urwaldkulisse schweben und punktgenau landen.

Eine andere Finesse der Evolution konnten wir nach fünf Tagen schwierigster Annäherung fotografisch festhalten: die visuelle Kommunikation der Winkerfrösche. Diese ganz besondere Art aus der Winkerfroschgattung führt ein Leben in der Vertikalen. Die Frösche haften an glatten Felswänden in unmittelbarer Nähe herabstürzender oder schnell fließender Gewässer. Ein gut gewählter Sitzplatz, denn an solch glitschigen Wänden sind sie sicher vor Fressfeinden. Dreimal konnten wir beobachten, wie eine Schlange beim Versuch, sich zu ihnen vorzuarbeiten, von der feuchtglatten Wand abrutschte und in die reißende Strömung fiel. Im Getöse des stürzenden Wassers würde das übliche Froschgequake natürlich geschluckt. Da hilft nur Zeichensprache. Das leise, kaum hörbare Quaken untermalen sie, indem sie „mit Händen und Füßen" winken.

Die Insel Borneo zu erhalten sollte oberste Priorität auf der Agenda der Weltgemeinschaft haben. Ein wenig Hoffnung keimte auf, als wir die beiden letzten Male dort waren. Wir spürten so etwas wie ein Umdenken in der Bevölkerung. In Supermärkten standen an den Kassen Schilder mit der Aufforderung, auf Plastiktüten zu verzichten. Noch vor einigen Jahren hatten wir, ob wir es wollten oder nicht, stets mehr Tüten als Waren im Korb. In Kota Kinabalu, der Hauptstadt von Sabah, erlebten wir Kampagnen für den Erhalt der Regenwälder, organisiert von Jugendlichen.

Es ist nicht zu spät, noch gibt es Regenwälder auf Borneo, die so viel Feuchtigkeit abgeben, dass sie sich nachts in Bettdecken aus Nebel hüllen können.

Winkerfroschpärchen
Die Gattung Staurois lebt entlang schnell fließenden Gewässern. Um im Getöse des Wassers wahrgenommen zu werden, untermalen sie ihre Rufe mit Winken. In Detailbeobachtungen versunken, übersahen wir fast die landschaftliche Schönheit rings um uns (rechte Seite).

Weißkehl-Spinnenjäger
Nektar aus einer Ingwerblüte gibt Kraft.

Schildwanze
Ihre knallrote Farbe schreckt Fressfeinde ab.

Zipfelkrötenfrosch
Diese stattliche „Zipfelkrötin" – doppelt so groß wie meine Handfläche – wäre lieber unbeachtet geblieben. Ich habe sie nicht länger belästigt, als es für dieses Foto erforderlich war.

22. 5. 2009 Sarawak – 5ter Tag am Fluss

Es hatte mal wieder die ganze Nacht wie aus Kübeln gegossen. °/° Nur gut, das wir uns entschlossen hatten, kein Zelt aufzubauen sondern unsere Hängematten aufzuspannen, sonst wären wir wohl mit Sack u. Pack weggespült. Es war eine stürmische Nacht!! Immer wieder wurde ich „in meinem schaukelnden Bett" vom lauten Knarren und Knacken der Bäume aus tiefsten Träumen gerissen. Aber das monotone Konzert der Zikaden ließ mich immer wieder einschlummern. Heute Morgen, wir waren gerade dabei unser Lager auf Sturmschäden zu kontrollieren, stand wie aus dem Nicht's ein Penan neben uns. Er war nur mit einem Lendenschutz bekleidet, hatte traditionelle Tätowierungen am Körper und sah wirklich klasse aus.

Er bewunderte unsere Hängematten und nickte uns mit einem breiten Lächeln zu. Dann nahm er seinen aus Palmenblättern geflochtenen Rucksack ab und zeigte uns seine Schlafmatte.

Kurze Zeit später, er war wohl in Eile, verabschiedete er sich mit einem kräftigen Händeschütteln und verschwand im dichten Wald. Wir waren total begeistert, einem nomadisch lebenden Penan im Regenwald begegnet zu sein!!!

Brettwurzeln
Ein Kunstwerk ohne Künstler.

Vorige Seiten:
Sandra in Schmetterlingswolken; die Falter lassen sich an einem Flussufer nieder, um dort gelöste Mineralien aufzusaugen.

Schleierdame oder Tropische Stinkmorchel
Nur für einen Tag spannt der Pilz diesen Schirm auf, der an ein grobmaschiges Häkelnetz erinnert.

Stammblütigkeit
Ein Geniestreich einiger Pflanzen: Wenn die Blüten und später die Früchte direkt aus dem Stamm entspringen, sind sie auch für weniger gute Kletterer erreichbar.

Rechte Seite: **Flugfrosch**
Zwischen den Fingern und Zehen wachsen Häute, die zum Gleitflug durchs Geäst aufgespannt werden. Je nach Absprunghöhe können die Amphibien Distanzen von 20 Metern und mehr überbrücken.

Folgende Seiten: **Tieflandregenwald**
Millionen Jahre alter Urwald, wunderbar stufig und bis unters Kronendach gefüllt mit Leben.

Laternenträger
Vermutlich dienen die grellen Farben dazu, einen Sexualpartner auf sich aufmerksam zu machen.

Linke Seite: **Gottesanbeterin**
Drohen hilft bisweilen besser als Flüchten oder Kämpfen und hat sich im Laufe der Evolution als „kluges“ Verhalten bewährt.

Hornspinne
Das Problem vieler Achtbeiner, die exponiert im Netz hängen, sind Vögel, die Spinnen jagen. Die „Hörner“ piksen wahrscheinlich so unangenehm im Schnabel, dass etliche Vögel auf den stacheligen Happen verzichten.

Weberknecht
Man trifft sie im Regenwald auf Schritt und Tritt. Mit den echten Spinnen zwar nah verwandt, sind sie aber absolut giftfrei und harmlos.

Folgende Seiten: **Morgenstimmung**
Wasser ist Leben, in den äquatorialen Tropenwäldern gibt es davon paradiesisch viel.

BORNEOS PRIMATEN

Neun der 13 bekannten Affenarten Borneos haben wir bisher gesehen. Die eindrucksvollste? Schwer zu sagen. Wie vergleicht man Bewegungsgenies mit Nachtjägern? Wie rote Riesen in Zottelpelz mit Supernasen?

Orang-Utan bedeutet, aus dem Malaiischen übersetzt, Waldmensch. Die Orangs, so erzählte uns ein Penan, seien seine Vorfahren, die es vor langer Zeit schon vorgezogen hätten, hoch oben in den Bäumen zu leben. Das rötliche, lange Fell, wusste er zu berichten, hätten sich die Waldmenschen zum Schutz vor den feuchten, kühlen Nächten zugelegt und ihre Arme seien durch das viele Herumhängen in den Baumwipfeln immer länger geworden.

Orang-Utans sind Nomaden. Sie durchwandern auf Nahrungssuche ständig die oberen Etagen des Regenwaldes und bauen sich dort abends Schlafnester aus Zweigen und Ästen. Ihr Gedächtnis ist exzellent; sie merken sich den Standort von Fruchtbäumen genau und kehren zur nächsten Reifezeit dorthin zurück. Dieses Wissen geben die Mütter an ihre Kinder weiter, die ungefähr sechs Jahre bei ihnen bleiben. Und Orangs haben alles fest im Griff. Ein starker Menschenmann schafft per Händedruck knappe 60 Kilo, ein Orang-Utan-Männchen – völlig unangestrengt und eher beiläufig – 150 Kilo.

Einmal hatte ich die seltene Gelegenheit, eine Orang-Utan-Mutter mit ihrem Jungen auf Wanderschaft durchs Regenwald-Blätterdach zu beobachten. Ich hatte nicht auf sie gewartet und lag damals Tag um Tag auf einer Baumplattform in ungefähr 40 Meter Höhe als Lichtjäger auf der Lauer. Morgen für Morgen war ich noch im Dunklen mit meiner Fotoausrüstung hinaufgeklettert, um rechtzeitig das kurze morgendliche Lichtspiel über dem Urwald einzufangen. Irgendwann, am siebten oder elften Tag gegen sechs Uhr – die ersten Sonnenstrahlen fanden gerade ihren Weg durchs Blätterdach – hörte ich aus der Krone eines nahen Baumes ein leises Knacken. Ich schaute genauer hin und fror in der Bewegung ein: Es war eine Orang-Utan-Mutter mit ihrem Jungen. Beide wollten über einen mächtigen Ast zu neuen Nahrungsgebieten aufbrechen. Schnell positionierte ich die Kamera. Das Junge, ermutigt durch einen zarten Stups der Mutter, ging voran. Traumwandlerisch sicher, fast feierlich schritten die beiden über die Astbrücke, die mit Baumfarnen und Bromelien geschmückt in 40 Meter Höhe im Kronendach hing (siehe Seite 4/5). Ich kann nicht sagen, wie lange es dauerte, bis sie im dichten Grün verschwunden waren. Ich hockte einfach nur da – starr vor Glück. Später stellte ich fest, dass ich nur zwei Fotos gemacht hatte. Es ärgert mich nicht. Die Bilder sind auf meiner inneren Festplatte gespeichert.

Nicht nur die großen Affen faszinieren. Den gerade mal 100 Gramm schweren kleinsten Borneo-Primaten, den Koboldmaki (der kleinste weltweit ist mit 38 Gramm Lebendgewicht der Madagaskar-Mausmaki) könnte man in seiner geschlossenen Hand verschwinden lassen. Er hat es mir besonders angetan. Versteckt in Baumhöhlen verschlafen die Winzlinge den Tag, und bei Einbruch der Dunkelheit kommen die kleinen Nachtgespenster aus ihren Höhlen, um auf die Jagd zu gehen, richtiger: zu springen. Von Ast zu Ast, bis zu fünf Meter weit, manchmal rückwärts schnellend und sich in der Luft drehend –

Nasenaffe
Je ausgeprägter der Zinken eines Nasenaffenmännchens, desto begehrter ist es bei den Weibchen.

Orang-Utan
Scheinbar mühelos durchfliegt er den Regenwald
auf dem Weg zu neuen Nahrungsgebieten.

Junger Orang-Utan
Zum Fingerabschlecken gut! Etwas war hier saftig und lecker.

Gibbonweibchen mit Kind
Aus 30 Meter Höhe gelang diese Aufnahme im Regenwald Borneos. Ein Schuss der Kategorie „Einmal im Leben“.

so hüpfen sie durch die Nacht auf der Suche nach proteinreichen Insekten. Riesige Augen, ein Kopf, den sie um 180 Grad drehen können, Ohren wie Richtantennen. Perfekt ausgerüstete Jäger für kleine Beutetiere. Kurz bevor es hell wird, kehren sie von ihren ausgedehnten Beutezügen zurück.

Wenn die Koboldmakis in ihren Baumhöhlen verschwinden, bekommen sie gerade noch etwas von den morgendlichen Gesängen der Borneo-Gibbons mit, den Meistersängern unter den verschiedenen Gibbonarten. Wer bei dieser allmorgendlichen Chorprobe einmal zuhören durfte, wird den Klang der Stimmen nie vergessen. Zuerst ganz leise, steigern sich die Gesänge zu einer trillernden Melodie, die kilometerweit zu hören ist. Die Sänger wollen keinen Wettbewerb gewinnen, sondern Artgenossen die Grenzen ihres Gebietes anzeigen. Immer wenn Sandra und ich diese Dschungel-Matinee hören, bleiben wir stehen und lauschen.

Einige Male schon hatten Sandra und ich die Gelegenheit, den Gibbons auch bei ihren akrobatischen Vorführungen in den Wipfeln zuzuschauen. Die Arme sind zweieinhalbmal länger als ihre Körper, perfekte Balancehebel, die ihnen das sogenannte Schwinghangeln ermöglichen, die Reise durchs Kronendach, scheinbar unbehelligt von der Schwerkraft.

Auf unserer letzten Reise beobachteten wir ein Gibbonpärchen (sie leben monogam und gelten als unzertrennlich), das an einem Urwaldriesen hinabkletterte, das Männchen voraus. Als das Weibchen in perfekter Fotoposition war, konnte ich nicht anders und gab ein lautes «huhu» von mir. Die Gibbondame hielt inne, schaute zu mir herüber und gab uns den Blick auf ihr Junges frei, das über Mutters Ellenbogen hinweg in unsere Richtung schaute (siehe Seite 58/59). Ein Moment, der für zehntausend Wartestunden entschädigt.

Wenn die Gibbons die Stars der Großraum-Naturbühne sind, dann sind die Nasenaffen die Charakterdarsteller. Auf Borneo heißen sie *Kera Belanda*: Holländeraffen, weil die roten Nasen den Zinken sonnenverbrannter Europäer ähneln. Lebensraum der wasserliebenden Meerkatzenverwandten sind die Mangroven- und Sumpfwälder der küstennahen Regionen. Mit zunehmendem Alter wird die Affennase nicht nur länger, sondern auch gurkenförmiger, was die Damenwelt besonders anziehend findet.

Ein Obermacho schart einen ganzen Harem verzückter Weibchen um sich. Kommt denen ein Nebenbuhler zu nahe, vollführt der Pascha ein unglaubliches Spektakel; mit grunzenden Schimpflauten und wackelndem Nasenkolben tobt er durchs Geäst, bricht Äste ab und schleudert sie kraftprotzend seinem Konkurrenten entgegen. Auch ich, obwohl eigentlich kein ernsthafter Konkurrent, wurde einmal fast Opfer einer solchen Attacke.

Sind die Fronten einmal geklärt, kehrt Ruhe unter den ansonsten friedlichen Tieren ein, und sie stopfen so lange Unmengen von Blättern in sich hinein, bis der Wanst spannt. Kaum zu glauben, dass *Nasalis larvatus* zur Familie der Schlankaffen zählt. „Zählen" ist in diesem Zusammenhang ein alarmierendes Stichwort: Wie alle Primaten Borneos gehören auch die „Langnasen" wegen fortschreitender Zerstörung ihres Lebensraumes zu den vom Aussterben bedrohten Arten.

Silberner Haubenlangur
Solo und in ihrer Gruppe sind sie friedlich. Nähert sich allerdings ein Konkurrenztrupp, werden die possierlichen Tiere zu Furien.

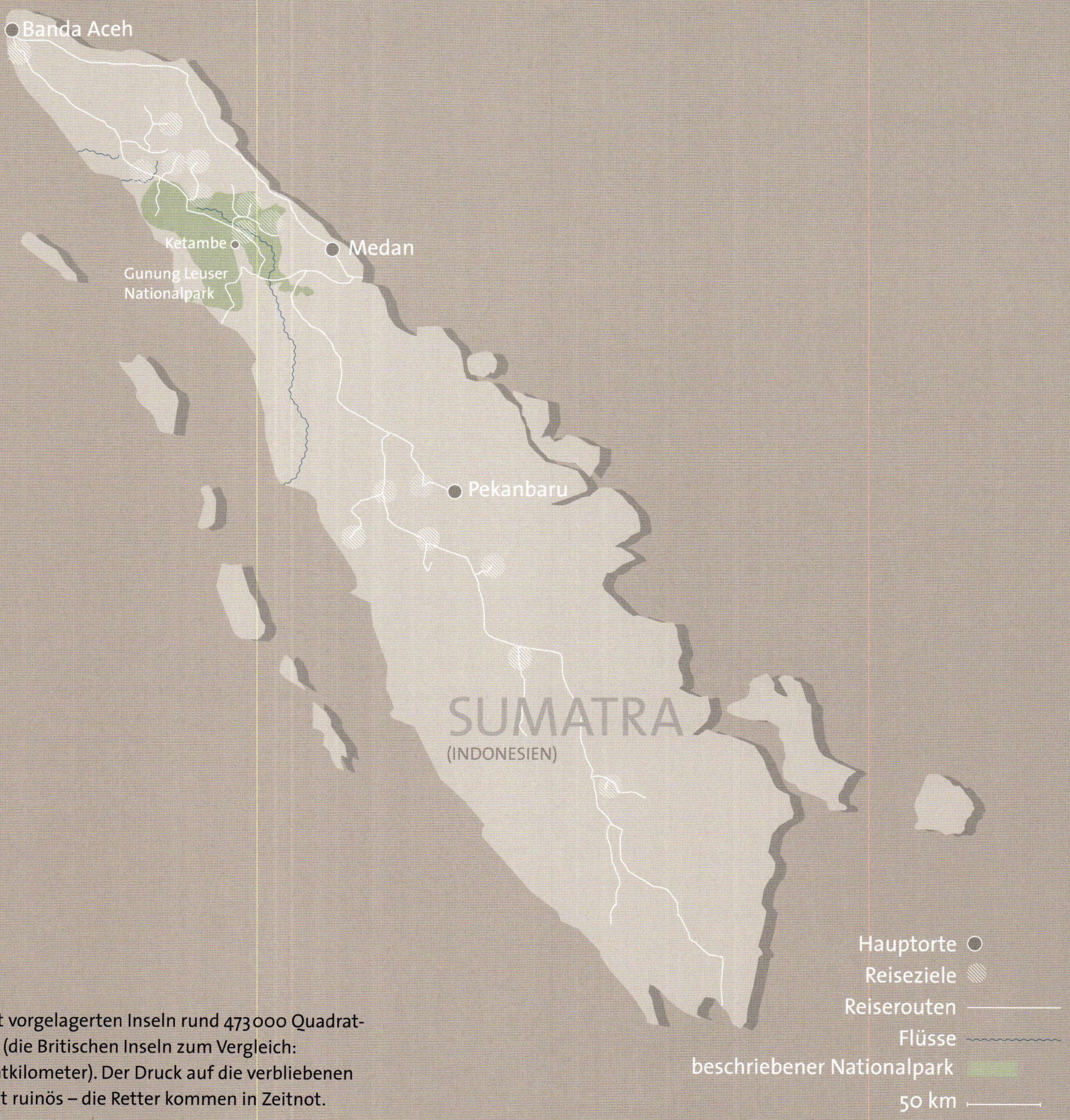

Sumatra ist mit vorgelagerten Inseln rund 473000 Quadratkilometer groß (die Britischen Inseln zum Vergleich: 315000 Quadratkilometer). Der Druck auf die verbliebenen Regenwälder ist ruinös – die Retter kommen in Zeitnot.

SUMATRA
WEGE ZUM HORIZONT

Was herausheben? Wo doch so vieles erhebend und herausragend war auf Sumatra. Was besonders betonen? Die Prozession der Waldelefanten? Das brausende Leben in den lokalen Bussen? Oder doch eher den Zugriff der Würgefeigen auf unser Gemüt?

Beiderseits des Äquators erstreckt sich Indonesien, der weltgrößte Archipel, bestehend aus über 17000 Inseln. Ein riesiger Bogen im Meer, der sich von Sumatra aus über 6000 Kilometer ostwärts bis nach Irian Jaya spannt, dem zu Indonesien gehörenden Teil Neuguineas. Sumatra ist die zweitgrößte Insel Indonesiens und die sechstgrößte der Welt. Ähnlich wie in Borneo sind nur noch wenige intakte Regenwälder übrig geblieben. Der Druck, den immer mehr hungrige und landhungrige Menschen ausüben, macht die Situation des Waldes sogar noch bedrohlicher als auf Borneo. Exzessives Abholzen für Felderbau, Plantagen und neue Siedlungen fordern ihren Tribut.

Eines der größten Naturreservate Indonesiens, der Gunung Leuser Nationalpark, liegt im Norden der Insel. Er wurde 2004 zusammen mit den Kerinci-Seblat- und dem Bukit Barisan Selatan-Nationalpark als „Tropische Regenwälder Sumatras" in die Liste des Unesco-Weltnaturerbes aufgenommen. Hier haben bedrohte Arten wie Tiger, Sumatra-Nashorn, Elefant und Orang-Utan letzte Rückzugsgebiete. Vier mehrmonatige Reisen führten uns bisher in den Gunung Leuser Nationalpark, wobei der Ausgangspunkt für unsere Regenwald-Exkursionen stets das kleine Dschungeldorf Ketambe war. Es liegt am Rande des Parks in der Provinz Aceh, im Norden Sumatras.

Folgende Seiten:
Urwaldfluss
Vielfalt sprießt in Lebensräumen, die viel zulassen. Sumatras Wasserläufe pulsieren von langsam bis rasend.

In „ach, das weiß man in Indonesien nie so genau" bis (sagen wir mal) 15 Stunden kann man die Ortschaft mit öffentlichen Verkehrsmitteln von der Hauptstadt Medan aus erreichen. Wie schon vor 24 Jahren, als wir uns das erste Mal nach Ketambe auf den Weg machten, bietet die Anreise per Bus auch heute noch Abenteuer von Anbeginn an. Schweine werden zu kompakten Paketen verschnürt und platzsparend aus dem Fenster gehängt, auf dem Dach des Busses – eingepfercht zwischen großbauchigen, geflochtenen Einkaufskörben – stehen Ziegen und meckern ihr Missbehagen hinab. Und nach dem indonesischen Motto „ein Bus kann nicht zu voll, höchstens zu schlecht gestopft sein" werden fedrige Knäuel aus zusammengeknoteten Hühnern unter die Sitzbänke gequetscht.

Oft sind Sandra und ich die einzigen Touristen im Bus. Wenn wir zusteigen, dringt regelmäßig ein erstauntes «*orang putih?*» (wörtlich: Mensch weiß) durch den vollen Fahrgastraum, und alle Augen sind auf uns gerichtet. Wir erklären dann (anfangs ging das nur gestisch, dann stammelnd und schließlich recht flüssig; die Sprache ist leicht zu erlernen) wer wir sind und was wir vorhaben. Wir sind stets „Top-Nachrichten" und zwar per Mund-zu-Mund-Übertragung, von Sitzreihe zu Sitzreihe. Jeder Neuinformierte schickt uns ein

Lächeln oder hebt aufmunternd-einladend den Alles-klar-Daumen. Während der ganzen Fahrt zwängen sich immer wieder Mitreisende zu uns durch, die mehr über uns erfahren möchten, oder einen Tipp für unsere geplante Dschungeltour loswerden wollen. Mangos, Papayas, Lychees und Rambutan werden uns zum Probieren gereicht. Manchmal gibt es auch selbst gebackenen, rotgrün marmorierten Bananenkuchen. Ein Idiot, wer hier über die Qualität der Federung oder fehlende Pünktlichkeit stöhnte und nicht zutiefst begeistert wäre von dieser Woge aus Menschlichkeit, Freundlichkeit, Zugewandtheit. Egal, wohin so ein „local bus" rattert und schunkelt: Er fährt mitten ins Herz des Landes.

In Ketambe hat sich in den zurückliegenden Jahren nicht allzu viel verändert; es sind einige Gästehäuser hinzugekommen und man versucht, per Naturtourismus etwas dazuzuverdienen. Ein schwieriges Unterfangen: Unruhen und Naturkatastrophen halten selbst jenes Touristen-Klientel fern, dem ansonsten jedwede Vollkasko-Mentalität fremd ist.

Wir haben über die Jahre schon viele mehrtägige Touren von Ketambe aus in den nahe liegenden Tropenwald unternommen. Und oft waren uns dabei die Kenntnisse erfahrener Führer überaus nützlich. Manche von ihnen waren früher Jäger, und erfolgreicher Dschungeljäger kann nur sein, wer den Wald und seine Kreaturen genauestens kennt. Heute schützen die Ex-Beutemacher die Wälder und Tiere und versuchen ihr Einkommen aufzubessern. Auch wenn Sandra und ich am liebsten und die allermeiste Zeit allein im Wald unterwegs sind, unterstützen wir diese einfache und effektive Art von Naturschutz; wir buchen bisweilen auch dann Begleiter, etwa zur Groborientierung in einem neuen Gebiet, wenn wir auch ohne ganz gut zurechtkämen.

So auch bei unserer dritten Sumatra-Tour. Uns begleiteten zwei Männer, die wir schon seit einigen Jahren kennen und denen wir uns freundschaftlich verbunden fühlen. Sie halfen uns, Proviant und Ausrüstung zu transportieren, sie bauten das Lager auf und bereiteten die Mahlzeiten zu. Für uns war das schon so etwas wie Luxus, zumal wir die Zeit, die wir nicht mit Hantieren und Kochen zubringen mussten, für „Ansitz" und „Jagd" nutzen konnten.

Ganz oben auf unserer „Regenwald-Wunschliste" standen bei unserem letzten Besuch – wieder einmal – die „Urwaldelefanten". Es hat zwar einige Jahre gedauert, aber dank der Kenntnisse unserer Begleiter ist dieser Wunsch 1996 in Erfüllung gegangen.

Zweimal führten Akbar und Satu uns zu einem Fleck, ungefähr zwei Tagesmärsche tief im Urwald gelegen, an dem sie des öfteren Elefanten gesehen hatten. Beide Male hatten wir kein Glück, konnten aber viele Fußstapfen, dicke, abgeknickte Äste und älteren Elefantendung sehen, aus dem schon Pilze hervortrieben.

Aller guten Dingen waren drei, jedenfalls für uns. Wir waren knapp 15 Gehminuten von dem vielversprechenden Ort entfernt, als uns plötzlich einer der Guides bedeutete, reglos zu verharren. Wenig später nahmen auch wir leises Knacken und Rascheln wahr und in unsere Nasen stieg der Geruch von ...?

Elefanten, was denn sonst! Sandra und mich packte eine – ich suche nach Worten – pochende Erregung; und Adrenalin, aufgeschäumt mit

Brettwurzeln
Solche über 60 Meter hohe Urwaldriesen lassen uns wie Winzlinge erscheinen.

Folgende Seiten:
Lianen streben zum Licht.

Spannung, durchkribbelte unsere Körper. Geduckt, auf die Windrichtung achtend und im Sichtschutz von dicken Bäumen, schlichen wir näher heran, wobei Sandra und ich stets einige Meter hinter den zwei „Dschungelkindern" blieben. Das Ästeknacken wurde lauter, und hin und wieder konnten wir so etwas wie Grollen wahrnehmen, ein Geräusch, das wir schon von Borneo kannten. Und tatsächlich waren Elefanten vor uns.

Auf einmal nahmen Akbar und Satu hinter einem Baum Deckung und gaben uns Zeichen, leise zu ihnen aufzuschließen. Da waren sie, direkt vor uns. Atemlose Begeisterung! Massige, dunkle Leiber, die meisten noch im Dreiviertelschatten des Dschungels. Es war eine Herde von mehr als 15 Tieren, die genaue Kopfstärke blieb uns verborgen. Von einigen hörten wir nur das Getöse, das sie bei der Asternte veranstalteten. Die waldlebenden Elefanten – das trifft für die afrikanischen und die fernöstlichen zu – sind kleiner und leichter als die Savannenelefanten, die unser Bild von den grauen Riesen geprägt haben.

Und plötzlich wurde uns klar, warum die Sumatra-Elefantengruppen immer wieder exakt diese Stelle im Regenwald aufsuchten. Mit den Vorderbeinen scharrten einige von ihnen den Waldboden auf, beförderten mit dem Rüssel Erde ins Maul, um dann – so jedenfalls sah es aus – genüsslich zu kauen. Im Boden mussten bestimmte Mineralien stecken: Nahrungsergänzung, Vitaminstoß, Tonikum – die Dickhäuter wussten es offenbar intuitiv. Heißt es nicht auch, viele pflanzenfressende Dschungeltiere könnten sich die jeweils benötigte Pflanzenmedizin suchen?

Egal, wie alt wir werden, diese Begegnung bleibt uns unauslöschlich! Es gibt nur noch verschwindend wenige frei lebende Elefanten in den Urwäldern des Gunung Leuser Nationalparks. Der Sumatra-Elefant (wissenschaftlich: *Elephas maximus sumatranus*) ist eine Unterart des Asiatischen Elefanten und wird in der Roten Liste der IUCN als „stark gefährdet" gelistet.

Zu ganz anderen Waldgiganten führte uns ein Bauer aus einem kleinen Dorf, das einige Fahrstunden von Ketambe entfernt liegt. Wir waren mit dem Bus in Richtung Banda Aceh (traurig berühmt geworden durch die Tsunami-Schlagwelle von Weihnachten 2004) im Norden Sumatras unterwegs und lernten Julius kennen, Oberhaupt einer siebenköpfigen Familie. Er bewirtschaftet eine kleine Farm außerhalb des Dorfes, mitten im Dschungel.

Während der Fahrt berichtete er uns von Elefanten und Orang-Utans, die er immer wieder von seinem Land vertreiben müsse, weil sie sich über seine Bananenstauden und Ananas hermachten, für ihn offenbar keine erfreulichen Begegnungen. Begeistert erzählte uns Julius indes von einem Waldgebiet, nur einige Stunden Fußmarsch von seinem Haus entfernt, in dem es „etwas ganz Besonderes" gebe. Wenn einer, der den Dschungel so gut kennt wie ein Linienbusfahrer seine Straße, wenn so einer etwas „herausragend" nennt, dann sollten wir nachschauen, sagten wir uns. Ob er wohl Zeit hätte ...? Wir hatten die Frage noch nicht ausgesprochen, als er heftig nickend rief: «*tidak apa apa*», kein Problem! Unter einer Bedingung allerdings: Übernachten müssten wir in seinem Haus, ein Angebot, das wir nicht ablehnen konnten.

Von der Straße, an der der Bus stoppte, waren es noch 30 Gehminuten hinauf zu seiner kleinen

Regenwaldpilze
Wer an Artenvielfalt im Dschungel denkt, hat Tiere und Pflanzen im Sinn. Die ungeheure „Dimension Pilz" ist nur selten Thema.

Farm, wunderschön eingebettet in eine hügelige Regenwaldlandschaft. Julius stellte uns seine Familie vor, und wir bekamen süßen Tee und jede Menge Essen gereicht. Bis spät in die Nacht hinein sprudelten Fragen und Antworten, wobei seine Antworten naturgemäß die spannenderen waren. Mit dem ersten Frühlicht sollte es am nächsten Tag zu dem besagten Ort gehen. Wir packten das Nötigste für eine Tagestour und legten uns schlafen. Das jedenfalls war unsere Absicht. Aber wir bekamen vor Erwartungsfreude kaum ein Auge zu. Schon vor dem ersten Tageslicht standen wir abmarschbereit vor dem Haus. Aber nicht als Erste: Julius lehnte im Türrahmen, an den Füßen trug er knallgelbe Gummibadeschlappen mit Mickymaus-Motiven. Er hatte sich ein Buschmesser umgeschnallt. «Guter Tag», sagte er und sollte, obwohl es nicht danach aussah, recht behalten.

Es hatte die ganze Nacht hindurch geschüttet und der Wald, der noch am gestrigen Nachmittag in wundervollem Licht erstrahlte, verbarg sich unter einer grauen Nebeldecke. In der Ferne hörten wir die Gesänge der Gibbons. Irgendwo vor uns stritt sich ein Nashornvogel-Pärchen bei der Morgentoilette. Unter ihrem Gezeter lag das Grundrauschen des Dschungels, komponiert aus unschätzbar vielen Stimmen, die wir nicht zuordnen konnten. Eine Symphonie, die auch nach der tausendsten Aufführung nicht an Reiz verliert.

Julius ging voran und wir folgten ihm langsam bergauf. Jedes Mal, wenn das Gezwitscher eines Vogels zu hören war, flüsterte er uns einen Namen zu. Die ersten Sonnenstrahlen fingerten durch den Dunst, verteilten sparsam Glanzpunkte auf Blätter und Laub. Handflächengroße Schmetterlinge taumelten vor uns her, blitzten regenbogenbunt auf, wenn sie ein Lichtstrahl traf. Wo sie sich niederließen, falteten sie ihre Flügel zu absoluter Unscheinbarkeit zusammen. Mit jeder Minute wurden die Nebeltücher fadenscheiniger, und irgendwann hingen nur noch ausgefranste Fetzen im Geäst. Als auch die abgehängt waren, zeigten sich die Farne intensiv grün, und die großen Blattfächer richteten sich zur Sonne hin – Energie tanken.

Der Dauerregen der letzten Nacht machte den Aufstieg nicht leicht, der Waldboden war glitschig, und unzählige Blutegel schienen nur auf uns gewartet zu haben. Ermattet, aber immer noch erwartungsfroh erreichten wir eine Bergkuppe, von der aus Julius uns hangabwärts in eine Ebene führte. Dort blieb er stehen, drehte sich zu uns um und sagte, wir seien da.

«Da? Bitte wo?» Wir rieben uns den klebrigen Schweiß aus den Augen (dahin rinnt er boshafterweise und unausweichlich), schauten auf und konnten es kaum fassen. Wir standen inmitten einer Urlandschaft, in Griffweite uralter Würgefeigen von gigantischen Ausmaßen, die sich gegenseitig umfassten wie im Tanz erstarrte Riesenschlangen. Hektisch, so als müssten wir eine rasche Flucht der Skulpturen befürchten, stolperten wir durch den Zaubergarten. Einige Einzelfiguren von den Abmesssungen eines Einfamilienhauses drückten uns die Köpfe in den Nacken. Ich erinnere mich, dass sogar mein „Fotografierreflex" eine ganze Weile aussetzte.

Schon auf den Rückweg entschlossen wir uns, am nächsten Tag zurückzukommen und inmitten der Giganten unser Lager für einige Tage aufzuschlagen.

Drachenkopf-Schrecke
Ihren Namen trägt sie wegen ihrer stacheligen Nackenpanzerung.

Folgende Seiten:
Skolopender oder Riesen-Hundertfüßer
Der giftklauenbewehrte Jäger kann eine Körperlänge von bis zu 30 Zentimetern erreichen.

Sumatra-Elefant
Einer der letzten sanften Riesen von Sumatra.

Folgende Seiten:
Paradies-Schmuckbaumnatter
Diese Schlange beherrscht eine extravagante Art der Fortbewegung: Sie kann im Gleitflug die Bäume wechseln.

14.2.2001 Sumatra - Beim dicken Baum

Wir sind nochmal zu den fotogenen Waldriesen mit den gewaltigen Brettwurzeln gegangen. Seit über einer Stunde fotografiert Diddi ihn aus allen Positionen und hat sichtlich Spaß dabei. „Der kann ja nicht weglaufen, wir haben alle Zeit der Welt" ruft er immer wieder und hüpft dabei zwischen den Wurzeln rum.
Wie am ersten Tag bin ich von der Pflanzenfülle fasziniert. Trotz zigtausender Grüntöne wirkt alles wie aus einem Guss.
Oft bleibe ich stehen und atme tief ein, um den feuchtmodrigen, manchmal süßlichen Duft in mir aufzunehmen. Ich fasse Blätter an, um Struktur und Festigkeit zu fühlen. Einige sind fest und ihre Oberfläche fühlt sich wie frisch poliert an, andere sind überzogen mit einem samtigen Flaum, jede Pflanze und ist sie noch so winzig, hat ihre Mittel, um nicht im

Waldmeer unterzugehen.
Ich entdecke im grünen Durcheinander kleine Blüten, die mit ihren Reizen werben. Die einen haben sich ein verführerisches Äußeres zugelegt, andere umhüllen sich mit betörenden Düften oder signalisieren durch knallige Farben ihren köstlichen Inhalt. :-)
Dieter kann meinetwegen den ganzen Tag „seinen Baum" fotografieren.
„Langeweile" bekomme ich nie!!!

Wasserfall
Nicht nur schön, sondern auch belebend: Hier wird Wasser mit Sauerstoff aufgesprudelt.

Linke Seite:
Wallace-Flugfrosch
Per Saugnapf sicher auf glatten Blättern unterwegs.

Schrecke
Mit ihren aufgestellten, knallbunten Flügeln versucht sie, größer und bedrohlicher zu wirken. Wir aber sind nicht abgeschreckt, sondern begeistert.

Folgende Seiten:
Tieflandregenwald
God's own Country – anbetungswürdig!

DER KAMPF UMS LICHT

Würgefeigen beginnen ihr Wachstum von oben nach unten – ein genialer Trick im Kampf gegen starke Konkurrenz. Dass sie dabei ihre Gastgeber umbringen, geht dem Betrachter schon etwas ans Gemüt.

Nirgendwo sonst auf unserer Erde finden Pflanzen so günstige Lebensbedingungen wie in den tropischen Regenwäldern, die entlang dem Äquator einen Grüngürtel ziehen – durch Mittel- und Südamerika, Afrika, Südostasien und über den Nordost-Zipfel von Australien. Hier ist es dauerhaft feucht und die Sonneneinstrahlung am intensivsten. Täglich hat die Sonne zwölf Stunden Zeit, für eine feuchtwarme, dampfende Atmosphäre zu sorgen. Diesen Platz an der Sonne, ohne Wachstumspausen wie in den polnäheren Gebieten, nutzen unzählige Pflanzen, um sich zu entfalten. Wobei allerdings das Licht unter den dichten Kronendächern schnell zum Minimumfaktor wird. Der Hunger nach Helligkeit macht erfinderisch, „inspiriert" viele Pflanzenfamilien, die Kronendächer selbst zum Standort zu machen.

Besonders auffallend sind die Superriesen unter den Urwaldriesen, die brettwurzelgestützten sogenannten Überständer. Sie bilden das oberste Stockwerk im Regenwald. Ihre gewaltigen Baumkronen erheben sich wie Inseln aus einem Blätterozean. Die hölzernen Giganten können in einigen Gebieten, speziell in den Regenwäldern Südostasiens, über 70 Meter hoch aufragen und Baumkronen bilden, die so groß wie Zirkuskuppeln sind. Wir haben schon vor Bäumen gestanden, bei denen die seitlichen Brettwurzeln den Stamm fast zehn Meter hoch flankierten. Solche Kolosse lassen einen verstummen, wenn man zu ihren Füßen in Begeisterungsgeschrei ausbrechen möchte – da bleibt nur noch Staunen.

Im Schatten solcher Riesen können nur die Licht-Hungerkünstler unter den Pflanzen gedeihen, wie zum Beispiel Farne oder Palmen, die mit breit gefächerten Blättern geduldig nach den kleinsten Resten von Licht fischen. Hartnäckig und immer startbereit lauern Jungbäume darauf, dass ein umstürzender Baum eine Lücke ins Blätterdach reißt. Dann schießen sie lichtwärts und versuchen, ihre Konkurrenten beim Vertikalspurt in den Schatten zu stellen. Die Verlierer bleiben zurück; ihre Natur gebietet ihnen, weiter zu warten. Und um etliche, die sich fast zu Tode gesprintet haben, kümmern sich Pilze, Bakterien und ein ganzes Geschwader von Kleinsttieren. Sie zerlegen und zersetzen alles organische Material bis in seine winzigsten Bausteine, wodurch Mineralstoffe freigesetzt werden, die wiederum für nachwachsende Pflanzen lebensnotwendig sind. Im Regenwald, so sagen uns Tropenbotaniker, findet sich nur wenig Pflanzennahrung im Boden: Sie ist permanent „unterwegs", steckt entweder in lebenden Pflanzen oder wird aus abgestorbenen recycelt und sofort aufgenommen, bevor sie sich im Erdreich anlagern kann.

Es gibt allerdings Bewerber um Raum und Licht, die sich nicht an die üblichen Spielregeln halten. Dass sie etwa genügend Festigkeit aufbauen, um sich erheben zu können. Den Lianen gelingt in geradezu genialer Weise, mit relativ wenig Energieeinsatz erfolgreich zu sein. Sie sind Kletterpflanzen, die im Waldboden wurzeln und die Standfestigkeit anderer Pflanzen als Leitern zum Licht nutzen. So können sie Material sparen,

Vereinzelte Sonnenstrahlen finden Wege durchs Blätterdach.

Würgefeige-Innenansicht
Der Baum, von dem sie einst hinabwuchs, ist längst verschwunden.

das normalerweise verausgabt wird, um Stämme oder gar Stützwurzeln auszubilden. Die Ersparnis wird in Schnellwachstum investiert. Ihr ganzes Pflanzenleben lang bleiben Lianen mit dem Waldboden verwurzelt und nutzen Bäume nur als Stütze. (Vielleicht ist hier der Ort, um anzumerken, dass Tarzan wohl kaum an Lianen, wohl aber an herabhängenden Würgefeigen-Luftwurzeln unterwegs gewesen sein könnte.)

Nicht ganz so „fair" wie die Liane ist die Würgefeige, wohl der unbarmherzigste und trickreichste Kämpfer ums Licht: ein Baum, der von oben nach unten wächst. Wie kann das funktionieren? Er spannt Helfer für seine Zwecke ein. Vögel, Affen, Fruchtfledermäuse transportieren mit ihrem Kot Feigensamen heran, die – wenn sie nur einigermaßen abschwemmsicher deponiert werden – auf den Ästen ihrer künftigen Opfer Halt finden und von dort dünne „Suchschnüre" nach unten, erdwärts schicken. Aber das kann nur klappen, wenn genügend Samenlieferanten im Einsatz waren. Die Feigenbäume werben daher mit süßen, bunten Früchten, und diesem Signal folgen etliche Pflanzenfresser. Auf Borneo haben wir in der Krone eines Feigenbaumes über 30 Hornvögel zählen und zwei Affenarten beobachten können, die der Einladung gefolgt waren.

Es braucht eine ganze Weile, bis die Feigenfrüchte verdaut sind. Die meisten Tiere sind, wenn sie sich erleichtern, schon lange weitergezogen. Sie scheiden dann die Überreste, in denen sich auch die Samen befinden, im Geäst eines anderen Regenwaldbaumes aus. Im nährstoffreichen Kotklacks beginnen die Kerne schnell zu keimen und bilden kleine Wurzelgeflechte, mit denen sie sich zunächst am Wirtsbaum verankern. Ist der Halt gesichert, bilden sie längere Luftwurzeln, die am Stamm des Wirtes entlang, aber auch frei hängend nach unten treiben. Haben sie den Waldboden erreicht, ist Schluss mit lustig. Die Würgefeige hat nun den Zugriff auf Nährstoffe (viele gibt es davon, wie gesagt, nicht im Boden), vor allem aber auf Wasser, wodurch sie Kräfte für den eigentlichen Übergriff gewinnt. Sie umklammert mit immer dicker und stärker werdenden Armen die Äste und den Stamm des Baumes, um ihn schließlich zu erwürgen. Oder eher noch: zu ersticken. Denn die Krone des heranwachsenden Feigenbaumes überwölbt den Wirtsbaum, der verkümmert und abstirbt – spätestens dann, wenn er keine Möglichkeit mehr zur Fotosynthese hat. An seiner Stelle steht irgendwann ein anderer Dschungelgigant.

Botaniker nennen Würgefeigen Hemi-Epiphyten (das sind Pflanzen, die einen Teil ihres Lebenszyklus als Aufsitzerpflanzen, eben Epiphyten, verbringen). Allein schon das Wort hört sich irgendwie ungut an!

Auf Sumatra standen Sandra und ich im Inneren so einer Würgefeige, also da, wo früher der „überfallene" Wirtsbaum wurzelte. Der Raum, umschlossen von einem Geflecht aus verholzten Luftwurzeln, bot genügend Platz für ein Auto. 40 Meter ragte ein gigantischer Schlot schnurgerade nach oben; durch ein Fenster senkrecht über uns sah man den Himmel. Das Opfer muss selbst ein Baumriese gewesen sein. Wir blieben eine ganze Weile stehen – sozusagen baumummantelt, am Standort des verschwundenen Riesens – und überlegten, wie lange der Überlebenskampf wohl gedauert haben mag. 50 Jahre, 100, 200?

Lianen biegen sich auf ihrem Weg nach oben.

Malaysia zählt zu den „Tigerstaaten" – den Entwicklungsländern, die auf dem Sprung zur Industrienation sind. Aber hat der Malaysia-Tiger noch eine Überlebenschance?

MALAYSIA
ZU GAST BEI DEN ORANG ASLIS

Dschungel! Natürlich denken wir dabei an bunt schillernde Sechsbeiner und Wundervögel. Aber zu den tiefsten Eindrücken zählen unsere Begegnungen mit Menschen, für die der Regenwald Heimat ist, ihr Ein und Alles. Leider schwebt über allem das Wörtchen „noch".

Folgende Seiten:
Überständer
Er hat den Kampf ums Licht gewonnen und überragt sogar noch das Dschungel-Kronendach. Das Foto wurde in 30 Meter Höhe aufgenommen.

Schon bei der Ankunft im Flughafengebäude des Kuala Lumpur International Airport bekommt der Reisende ein Appetithäppchen auf Malaysische Vielfalt gereicht. Dekorativ in einem riesigen Glaszylinder drapiert, wurde eine Regenwaldlandschaft nachempfunden, die so manches Fotohandy aufblitzen lässt. Eine grüne Oase, die wohl zu den bestgeschützten Biotopen Malaysias gehört und hoffentlich nicht einstmals als Mahnmal an vergangene Herrlichkeiten übrig bleiben wird.

Die wirtschaftliche Entwicklung Malaysias geht ungestüm voran, man will hoch hinaus. Die entsprechenden Wahrzeichen gibt es seit 1998: Die 452 Meter hohen Petronas Twin Towers ragen wie die Stämme gigantischer Urwaldriesen aus dem Asphaltdschungel der Mega-City Kuala Lumpur. Fortschrittssymbole? Für den, der unverletzte Regenwälder liebt, eher Belagerungstürme am Rande einer angeschlagenen Festung.

Beim Anblick der gigantischen Stadt mag man nicht glauben, dass in einigen Fahrstunden Entfernung Regenwälder existieren, die über 100 Millionen Jahre alt sind und damit zu den ältesten der Erde zählen. Wälder, in denen es Elefanten, Nashörner und Tiger gibt und eine Urbevölkerung, die ein Leben in der Natur der heranrückenden Zivilisation vorzieht.

Sieben Wochen Borneo lagen hinter uns, und wie im Jahr zuvor machten wir einen längeren Zwischenstopp in West-Malaysia. Schließlich hatten wir ein Versprechen einzulösen; in einem Sack unseres Gepäcks steckten diverse Spielsachen für die Kinder eines kleinen Urwalddorfes der Orang Aslis, der Ureinwohner dieser einst waldreichen Gebiete. Ihre kleine Siedlung liegt in einem abgelegenen Tal des Taman Negara Nationalparks. Im Vorjahr waren wir einer Einladung gefolgt und hatten dort ein paar Tage als ihre Gäste verbracht.

Jetzt, unmittelbar vor unserer zweiten Begegnung, bekamen unsere Erinnerungen wieder deutlich Farbe und Konturen. Wir hatten, nicht sehr tief im Wald an einem Fluss, ein Lager aufgeschlagen. Von dort wollten wir kleine Erkundungen unternehmen, um festzustellen, ob ein längerer Aufenthalt lohnte. Am zweiten Tag, unweit unseres Lagers, geschah es: Sandra hatte eine kleine Gottesanbeterin entdeckt, und wir waren so darin vertieft, die grazile Schönheit ins richtige Licht zu setzen, dass wir die Anwesenheit zweier Männer nicht bemerkten, die uns dabei zuschauten. Es waren Orang Aslis.

Sie standen einige Meter neben uns im Wald und amüsierten sich offensichtlich über den Aufwand, den wir betrieben. Natürlich wussten sie,

was Fotoapparate sind und wie man sie einsetzt, aber die Kleinheit unseres Motivs schien sie zu belustigen. Wir erklärten, ließen sie die Gottesanbeterin vergrößert im Monitor betrachten und schauten in strahlende Gesichter.

Dann sagten wir, wer wir sind, woher wir kommen und dass es bei uns solche Tierchen nicht gibt. Wieder und wieder ließen wir sie die stark vergrößerte Gottesanbeterin betrachten. Mit allen Anzeichen wachsender Begeisterung tauschten die zwei ihre Eindrücke aus. Ohne Frage: Sie sahen gerade ein neues Tier.

Wir unterhielten uns noch eine ganze Weile (mittlerweile sprachen und verstanden wir gut Bahasa Malaysia), sie erzählten uns, dass sie in der Stadt gewesen seien und nun zurück in ihr Dorf wollten, das eine Stunde Fußmarsch von hier entfernt mitten im Wald liege. Dort gäbe es auch viele Tiere – sie wussten ja nun über unsere Vorlieben Bescheid –, und wenn wir wollten, könnten wir doch einfach mitkommen und einige Tage bei ihnen verbringen. Wunderbar!

Schon bevor wir zwei Tage später den verabredeten Platz erreichten, hörten wir die Rufe der beiden Männer, die uns eingeladen hatten. Sie kamen uns entgegen, umringt von einer Schar kichernder Kinder, die sich sogleich darum rissen, Teile unseres Gepäcks zu tragen. Sandra und ich können uns nicht erinnern, jemals so enthusiastisch begrüßt worden zu sein. Die Gepäcktragehilfe kam uns wegen der abschüssigen, rutschigen Wegstrecke recht gut zupass. Immer wieder machte uns jemand auf Wurzeln und kleine Löcher im Waldboden aufmerksam. Wären wir etwas handlicher gewesen, die Kinder hätten bestimmt angeboten, auch uns zu tragen.

Trotz unseres guten Schuhwerks fanden wir nur wenig Halt, umso mehr waren wir von den Kindern beeindruckt, die uns immer wieder barfuß überholten. Unsere Tapsigkeit, gemessen an ihrer Leichtfüßigkeit, amüsierte sie königlich. Wie kleine Äffchen kletterten sie vollkommen mühelos an Bäumen hoch, schnappten sich eine Luftwurzel, schwangen vorbei, um sogleich wieder an uns vorbeizuflitzen.

Die Orang Aslis hatten auf unser geringes Gehtempo Rücksicht genommen, und so erreichten wir erst nach zweieinhalb Stunden die kleine Siedlung. Kurz bevor wir eintrafen, ließen die Männer jodelnde Gesänge ertönen. Per Urwaldtelefon wurde unsere Ankunft angekündigt. Welch eine Ouvertüre vor dem 1. Akt: Ankunft in einer Anderswelt!

Die Siedlung lag wunderschön in einem kleinen Tal, umgeben von dichtem Regenwald. Neun Holzhütten auf Pfählen bildeten das Dorf. Die Dächer waren mit Palmenblättern bedeckt, durch die Rauch drang. Fast alle kamen herbei, um uns zu begrüßen; von den Kleinkindern erkannten wir nur die funkelnden Augen, die aus dem Dunkel der Hütten, aus Fenstern und zwischen Türspalten aufblitzten. Sie trauten der Situation offenbar noch nicht so recht und blieben erst einmal in Sicherheit.

Unser Zelt durften wir nicht aufbauen, wir waren schließlich Gäste. Man brachte uns zu einer Hütte, in der schon mit Tüchern ein Bereich für uns abgetrennt worden war. Wir waren aufgeregt und glücklich: einige Tage bei den Orang Aslis leben – was für ein Geschenk!

Den Fußboden und die Wände des Hauses bildeten gespaltene Bambusstäbe, die mit Rattan

«Unser Nachtmarsch endete in einem illuminierten Zaubergarten.»

verflochten waren. Durch feine Schlitze zwischen den Stäben konnte die Luft zirkulieren, was für angenehme Temperatur sorgte. Die Feuerstelle, auf der schon Teewasser für uns kochte, lag mitten im Raum. Darüber, aufgereiht an einer Schnur, hingen Kräuter zum Trocknen. An einer Wand, blitzblank poliert und nach Größe geordnet, zählten wir ein halbes Dutzend Kochtöpfe. Darunter fielen uns zwei Blasrohre mit dazugehörigen Köchern und Pfeilen ins Auge. Während wir noch die archaischen Jagdwaffen bestaunten, drang Lärm herauf. Draußen auf dem Dorfplatz hatte das täglich stattfindende Ballspiel begonnen. Es ging darum, einen aus Rattan geflochtenen Ball so geschickt weiterzuleiten, dass er die Erde nicht berührt. Ob Jung oder Alt, jeder spielte mal mit. Auch wir gaben unser Bestes, was vor allem für die Kinder ein Riesenspaß war. Unsere Verrenkungen müssen urkomisch ausgesehen haben.

Noch bevor es hell wurde, standen wir auf und waren den ganzen Tag im Wald unterwegs, immer begleitet von einigen Aslis. Sie führten uns auf kleinen Dschungelpfaden durch ihren „Regenwaldgarten" und zeigten uns Pflanzen, die sie essen oder als Medizin benutzen. Schmunzeln mussten wir, als sie uns eine große Assel (lateinischer Name: *Armadillidium vulgare*) präsentierten, die sich bei Gefahr zu einer harten Kugel einrollt. Diese lebenden „Globuli" lassen sie über ihre Bäuche kullern, um Verdauungsprobleme zu beseitigen. Großes deutsches Fragezeichen. Aber wahrscheinlich ist es wie so oft bei der Heilmagie: Man muss fest dran glauben.

Uns kamen Exklusivgestalten in Serie vor die Linse: grüne Gespenstschrecken, Prachtkäfer, Laternenträger und Stabinsekten, so lang wie mein Unterarm. Allesamt Tiere, die wir ohne Hilfe der Orang Aslis nicht gesehen oder allenfalls nach monatelanger Suche entdeckt hätten. Gänzlich chancenlos wären wir ohne Entdeckerhilfe bei einer Spinne geblieben. Sie glich in Form und Farbe vollkommen einem Blatt. „Wie von der Tarantel gestochen" sprang sie auf, sobald man an den Ast stupste, an dem sie hing. Nach wenigen Zentimetern Flucht verwandelte sie sich wieder in ein Blatt.

Manchmal kam es uns so vor, als ob unsere Begleiter untereinander einen kleinen Wettstreit ausfochten, wer uns denn als Erster auf ein „neues" Tier aufmerksam machen konnte. Selbst die Kinder präsentierten uns stolz Entdeckungen, die sie beim Spielen im Wald gemacht hatten. Ein kleiner Junge kam mit einem gold schimmernden Käfer zu uns, der größer als seine Handfläche war. Ein Mädchen hatte sich, um uns zu überraschen, eine schöne grüne Schleife ins Haar gesteckt. Erst bei näherem Hinsehen bemerkten wir, dass die „Schleife" ein Wandelndes Blatt war.

Eines Nachts führten uns unsere Gastgeber in einen dichten, hoch aufragenden Bambuswald. Es hatte schon einige Tage geregnet und der Weg dorthin war sehr sumpfig. Wir wateten bis zu den Knöcheln im Morast und rätselten schließlich etwas misslaunig darüber, was wohl diesen langen, beschwerlichen Nachtmarsch wert sein könnte. Die kolossalen Bambusstämme beidseits des Pfades sahen im Schein unserer Kopflampen zwar beeindruckend aus, aber sie zu erkunden wäre tagsüber viel einfacher gewesen. Plötzlich blieben unsere Guides stehen und

Folgende Seiten:
Blaukehl-Winkelkopfagame
Eine von 16 Arten, alle mit dem lateinischen Gattungsnamen *Gonocephalus*. Mit gemischten Gefühlen sehen Sandra und ich, wie beliebt diese Exoten bei Terrarienbesitzern sind.

sagten uns, wir mögen doch unsere Stirnlampen ausmachen. Es war stockfinster. Ich drehte mich langsam einmal um die eigene Achse und versuchte, Strukturen im Dunkeln zu erkennen. Unser Nachtmarsch endete in einem illuminierten Zaubergarten. Sandra bemerkte es vor mir: ein zartes, grünliches Leuchten auf den Bambusstämmen. Es wurde stärker und intensiver, je mehr sich unsere Augen an die Finsternis gewöhnten. Unglaublich! Unwirklich schön! So etwas hatten wir noch nie gesehen. Wohin wir auch schauten, glühte es. Märchenzauber! Einer der Aslis schlug mit einem Buschmesser einen der leuchtenden Stämme ab, streifte ihn über die Arme und durch das Haar, worauf Tausende von kleinen Lichtern auf ihm zu funkeln begannen. Auf den Bambusstangen wuchsen dichte Rasen aus leuchtenden Pilzen.

Biologen nennen so etwas Biolumineszenz; das bedeutet so viel wie „lebendiges Leuchten“. Manche Lebewesen – auch Pilze – beherrschen das Kunststück, eine körpereigene Substanz mithilfe von Luftsauerstoff zum Leuchten zu bringen. Aber wozu leuchten die Pilze? Wissenschaftler vermuten, dass sie mit ihrem Licht Insekten anlocken, die ihnen helfen, ihre Sporen zu verbreiten.

Der Abschied nach elf Tagen fiel uns schwer, gar nicht einmal wegen der vielen fotografischen Möglichkeiten und der exzellenten Pfadfinder-Dienste. Es waren die Orang Aslis, die letzten Ureinwohner Malaysias, die uns mit ihrer Gastfreundschaft und Naturverbundenheit tief beeindruckt hatten. So tief, dass wir schon vor dem Abschied den Entschluss fassten wiederzukommen, wenn wir denn dürften.

Kein Problem, hieß es, wir wären jederzeit willkommen. Niemand wollte etwas für unseren Aufenthalt haben, und so ließen wir unsere Taschenmesser und die Stirnlampen, deren Leuchtkraft ihnen mächtig Eindruck gemacht hatte, als kleines Dankeschön zurück. Den Kindern versprachen wir, dass wir bei unserem nächsten Besuch auch etwas für sie mitbringen würden. Das Wort für „Spielzeug“ wussten wir nicht – aber schließlich sollte es ja auch eine Überraschung werden.

Und da standen wir nun im Juni 2008, vorfreudig erregt vor unserem zweiten Besuch – diesmal ging es uns nicht in erster Linie ums Fotografieren; wir wollten einfach einige Zeit mit den Orang Aslis zusammenleben und von ihnen lernen, aber ihnen natürlich auch von uns erzählen. Im Gepäck hatten wir ein großes Paket voller Gummistiefel, Regenjacken, T-Shirts, Teddybären und Puppen, Taschenmesser und Taschenlampen. Selten haben wir mit Geschenken so viel Freude bereiten können. Vor allem die Kinder zeigten sich restlos begeistert von unseren Mitbringseln.

Wie in vielen anderen Ländern, die wir besuchen konnten, wird die indigene Bevölkerung auch in Malaysia als primitiv und rückständig bezeichnet. Den Orang Aslis geht es da nicht anders. So kann es kaum überraschen, dass auch die letzten Waldbewohner Malaysias (von den rund 60000 Orang Aslis leben nur noch wenige tausend im Regenwald) dem „Fortschritt“ weichen müssen – und das, obwohl vielen Einheimischen das Schicksal dieser Menschen sehr am Herzen liegt und sie sich engagiert für die Ureinwohner einsetzen.

Tigerblutegel
Wir können wirklich nicht behaupten, dass sie zu unseren Lieblingstieren zählen. Aber oft waren wir stumm vor Staunen, wie findig sie auf dem Weg zu unserem Blut unterwegs sind.

Peitschennatter
Um nicht entdeckt zu werden, bewegt sie sich sehr langsam durchs Geäst. Bei Gefahr kann sie ihre Halspartie „aufblasen", so erscheint sie bedrohlicher.

Schrecke
Die Großfamilie der Schrecken besticht durch Formenreichtum – und nervt gelegentlich mit phonstarken Open-Air-Konzerten.

Rechte Seite:
Käfer, dessen Namen wir nicht kennen
Bis ins kleinste Detail eine Schönheit.

18.6.2008 Malaysia – Bei den Aslis

Den ganzen Tag schon waren wir auf matschigen Pfaden unterwegs. Es wollte einfach nicht aufhören zu regnen. Unsere Tour durch den Dschungel wurde zur Schlammschlacht. Wir waren pitschnass und bei jedem Schritt drückte der ~~Schlamm~~ Matsch aus den Schuhen heraus.

Als es am Nachmittag dann endlich aufhörte zu schütten, machten wir eine kurze Rast an einem Bachlauf. Ich füllte unsere Trinkflaschen mit gefiltertem Wasser auf und Dieter entfernte unzählige fette, vollgesaugte Blutegel von seinen Füßen. Die hatten bestimmt eine gute Zeit in der warmen Schuhbadewanne.

Nicht weit von uns entfernt, auf der anderen Seite des Baches, spielten Kinder mit kleinen Krebsen. Unter ihnen auch unsere kleine Freundin Chandra. Als sie uns sah, rannte sie auf uns zu und zeigte uns total stolz eine ~~k~~ riesige Flusskröte.

Sie konnte den zappelnden Quaker kaum halten.

Pilz
Wegen seiner nach oben gerichteten Öffnung heißt der Kleine auch Becherling.

Vorige Seiten:
Morgennebel
Der feuchte Atem des Waldes ist nicht zu beschreiben; man muss ihn einmal auf dem Gesicht gespürt haben!

Gespenstlaufkäfer
Sie werden wegen ihrer extravaganten Form auch Violinenkäfer genannt und sind flach wie Briefmarken. Diesen Vorteil nutzen sie, um ungesehen unter Baumpilzen und Baumrinde auf Jagd zu gehen.

Grünaugengecko
Dieser malaysische Dschungelbewohner ist mit bis zu 30 Zentimetern von Kopf bis Schwanzende einer der größten Geckos weltweit. Die Männchen sind sehr gut bei Stimme.

Falter
Diesen kennen wir nicht und sind dabei in bester Gesellschaft. Eine unschätzbar große Zahl von Faltern wurde noch nicht wissenschaftlich beschrieben. Bei vielen steht zu erwarten, dass sie bis zu ihrer Ausrottung unbekannt bleiben.

Bockkäfer
Sie zählen zu den artenreichsten Käferfamilien. Insektenkundler interessiert die Spezialmuskulatur der *Cerambycidae*, die ihre langen Fühler fast so beweglich wie Gliedmaßen macht.

Bergnebelwald
Die Heimat besonders vieler Endemiten: Arten, die nur hier vorkommen.

Folgende Seiten: **Falter**
Der *Saturnia (Rinaca) thibeta pahangensis* hat wie alle exotischen Nachtfalter keinen deutschen Namen. Das Augenmuster schreckt Schmetterlingsjäger ab, besonders dann, wenn sie aus jäh aufgeklappten Flügeln urplötzlich „angestarrt“ werden.

TARNUNG

Feinden kann man davonlaufen, -fliegen oder -schwimmen. Und man kann sich mit Zähnen und Klauen wehren. Aber wer mit seinen Kräften haushalten muss, ist besser beraten, wenn er sich möglichst unauffindbar macht. Doch das weiß auch der Feind und schärft seine Sinne.

Nirgendwo sonst auf der Welt wird die hohe Kunst der Täuschung so vielfältig zelebriert wie in den Regenwäldern. In Jahrmillionen andauernder Evolution haben es die Illusionisten zu fast unbegreiflicher Meisterschaft gebracht.

Beutemacher setzen alles daran, sich ihrer Beute inkognito zu nähern – und ihre Beute tut ihr Bestes, dem Feind inkognito zu entgehen. Die einen wollen auf der Pirsch nicht entdeckt, die anderen gar nicht erst gefunden werden. Zu diesem Zweck haben sich etliche Beutetiere ein Kleid zugelegt, das sie unappetitlich, unverdaulich oder gar giftig erscheinen lässt – Betonung auf „scheinen". So gibt es zum Beispiel Schmetterlinge, die bis ins allerkleinste Detail giftigen „Originalen" ähnlich sehen, ohne selbst ungenießbar oder giftig zu sein. Sie sparen sich die Giftproduktion, profitieren aber davon, dass diverse Fressfeinde die Lektion „Vorsicht – Zähne und Schnäbel weg!" gelernt haben und dann auch auf die Attrappe anwenden. Fälschlicherweise, aber sehr im Interesse der Imitatoren.

Trickreich sein, trickreicher als der Gegner, Tricks durchschauen und perfektionieren – in der einschlägigen Literatur findet sich dafür der Begriff „Rüstungsspirale". Jäger und Gejagte zwingen sich gegenseitig zur Verbesserung von Tarnkleid und Wahrnehmungsschärfe – ein Motor der Artenentwicklung und damit auch der -vielfalt.

Apropos Vielfalt; wer zum ersten Mal einen Regenwald betritt, wird vergebens nach der erwarteten, überschäumenden Fülle suchen. Der größte Teil der Tiere bevorzugt die oberen Etagen des Waldes und ist somit außerhalb unserer Sichtweite, der andere, bodennahe Teil aber verschmilzt mit dem Gewirr der Pflanzen.

Oft sind wir stundenlang im Urwald unterwegs und stellen plötzlich fest, dass wir erst wenige hundert Meter vorangekommen sind. Wenn es Suchregeln gebe, hieße eine: Nie dem ersten Blick trauen. Das Blatt, das im Luftzug schaukelt, bewegt sich eben nicht im Wind, sondern von selbst: ein Wandelndes Blatt, das mit leichtem Vibrato seine Maskerade perfektioniert. Bei dem hellen Fleck auf der Pflanze daneben könnte es sich um einen Schmetterling handeln, der mit flach aufliegenden Flügeln, den Körper dicht auf das Blatt gepresst, seinen Fressfeinden vortäuscht, er sei nur Vogelkot. Und häufig ist es auch nur Vogelkot; die Täuschung funktioniert nämlich nur, wenn das Original wesentlich häufiger zu sehen ist als das Imitat.

Hin und wieder scheuchen wir ein Insekt auf, das dann wie ein kleiner „Tarnkappenbomber" davonzischt, auf der Suche nach einem neuen, sicheren Landeplatz, wobei es trotz aller Eile durchaus wählerisch ist. Einmal beobachteten wir eine Schrecke, die direkt vor uns an einem Baum gelandet war, bei der Kunst des Unsichtbarwerdens. Sie „wusste" offenbar ganz genau, wie sie aussah. Direkt nach der Landung krabbelte sie einige Zentimeter nach unten. Unzufrieden mit dem Tarneffekt bewegte sie sich wieder ein wenig stammaufwärts, dann folgten noch ein paar leichte Korrekturen im Millimeterbereich. Das

Stabinsekt, Malaysia
Dieser Wandelnde Ast war fast so lang wie mein Unterarm. Trotz der Größe ist er nur sehr schwer zu entdecken.

Plattschwanzgecko, Sumatra
Unter den mehr als 1000 Geckoarten gilt er als einer der wirklich guten Tarnkünstler.

Rauer Flechtenfrosch, Malaysia
Genau hinschauen: Es sind zwei!

Folgende Seiten:
Großes Wandelndes Blatt, Malaysia
Kleine Sehhilfe: Fast das ganze Foto nimmt der blattartige Körper des Tieres ein. Bei genauem Hinsehen erkennt man zwischen den nach vorn gestreckten Blattbeinchen den Kopf, die Augen und Fühler.

Ergebnis war frappierend: Die Farben, Formen und Linien des Untergrunds waren mit dem Äußeren des Insekts verschmolzen. Perfekt? Aus unserer Sicht schon. Aber das Insekt musste ja nicht untrainierte Menschenaugen narren, sondern Vogelaugen – hoch trainierte. Um keinen Schatten zu werfen, zog die Schrecke ihren Körper ganz dicht in eine Einbuchtung der Rinde, schuckelte sich zurecht und versteckte abschließend ihre Beinchen ganz vorsichtig, eines nach dem anderen, unter dem Flügelpaar. Jetzt war sie ganz entspannt (es scheint so, als hätte sie so etwas wie ein „Bewusstsein“ von der Qualität ihrer Tarnung), und ich konnte ganz in Ruhe einige Fotos machen.

Einer unserer absoluten Lieblinge ist der Zipfelkrötenfrosch. Er behauptet in fast beispiellos überzeugender Manier, ein auf dem Urwaldboden liegendes, komplett mit Blattadern durchzogenes, verrottetes Blatt zu sein. Seine Körpertextur ist gescheckt, die Farben variieren von hell- bis dunkelbraun. Über den Augen und an der Spitze des Kopfes hat er sich Hornzipfel aufgesetzt, Blattspitzen täuschend ähnlich.

Diesen Exzentriker kann man nicht zufällig entdecken, schon gar nicht, wenn er das Maul hält. *Megophrys nasuta* ist sozusagen die Belohnung langer Dschungel-Trainingsmonate. Bei starkem Regen und während der Paarungszeit stoßen die Zipfelkrötenfrösche unüberhörbare, metallisch klingende Rufe aus. Wir kennen sie mittlerweile und wissen die Richtung, in der wir suchen müssen. Aufgespürt ist das skurrile Amphibium von der Größe einer Erdkröte damit aber noch lange nicht. Wenn der Frosch stumm und reglos sitzen bleibt, ist er womöglich noch besser getarnt als das Wandelnde Blatt. Auf unserer nach oben offenen Skala der Tarnmeisterschaft besetzt er einen der Spitzenplätze.

Bei keinem unserer bisher rund 100 Vorträge fehlte diese eine Frage: Besteht nicht die Gefahr, Giftschlangen zu begegnen? Unsere Standardantwort: Nach denen suchen wir Tag und Nacht. Wir freuen uns immer riesig, wenn wir einmal eine zu Gesicht bekommen, um sie dann aus respektvollem Abstand bewundern zu können. Schon oft ist es vorgekommen, dass wir selbst nach mehrmonatigen Exkursionen nicht eine einzige Schlange gesehen haben. Eine knappe Bemerkung zum Thema Giftschlangen vor der Kamera: Liebe Gelegenheitsfotografen im Dschungel, bitte lasst es! Wir haben uns sehr, sehr vorsichtig im Laufe vieler Jahre an dieses Metier herangetastet. Ohne einschlägige Erfahrung und Artenkenntnis wird aus der Annäherung an ein seltenes Motiv leicht eine finale Begegnung.

Neulich, nach unserer Rückkehr aus Surinam, bin ich vorm Fernseher fast vor Lachen erstickt – kein schöner Tod, das weiß ich nun. Ein „Dschungelkämpfer“, der sich frisch gegelt im Muskelshirt, gefolgt von Kameramann, Tonmann und Beleuchter, durch irgendeine „grüne Hölle“ kämpfte, raunte Kommentare über allerlei Tödlichkeiten. Dabei pflückte er sich im Vorbeipirschen eine Schlange nach der anderen aus dem Gezweig, um die Tiere mit weit aufgerissenem Maul in die Kamera zu halten. Bilder aus Regenwäldern können begeistern und für ihre Rettung werben, von dieser Hoffnung zehren auch Sandra und ich. Aber sie können manchmal auch verblöden.

Urutau-Tagschläfer oder Großer Potoo, Surinam
Der eulenähnliche, nachtaktive Vogel vertraut so sehr auf die Qualität seiner Tarnung, dass man als Fotograf keine Mühe hat, ihm nahe zu kommen.

Surinam, das ehemalige Niederländisch-Guyana, ist der Regenwald-Staat par excellence; kein Land der Welt hat prozentual mehr Dschungelfläche. Die Temperaturen schwanken übers Jahr zwischen 24 und 36 Grad Celsius. Von Anfang Mai bis Mitte August regnet es fast ohne Unterbrechungen.

SURINAM

BLICKWECHSEL MIT DER EWIGKEIT

Auge in Auge mit einem Puma, zu Gast bei einer Hochzeitsgesellschaft aus Felsenhähnen, im Boot an einem Jaguar vorübertreiben. Eine Kette unvergesslicher Erlebnisse! Wäre da nur nicht der Schmerz, dass auch an diesem Paradies schon die Axt liegt.

Die meisten Ströme, Flüsse und Bäche des großen südamerikanischen Regenwaldes tragen ihre Wassermassen zum Amazonas oder zum Orinoco. Das verästelte Flusssystem Surinams allerdings strebt windungsreich dem Atlantik zu und bildet dabei ein Äderwerk, das teils noch unberührte Regenwälder durchzieht.

Die Republik Surinam, bis 1975 Niederländisch-Guyana, ist eines der drei Guyana-Länder, die im Norden Südamerikas an der Atlantikküste liegen. Guyana bedeutet in der Sprache der Ureinwohner „Land der vielen Wasser". Surinam hat gemessen an seiner Landfläche mit 80 Prozent den größten Regenwaldanteil der Erde. Bis jetzt ist es der unersättlichen Holzindustrie noch zu kompliziert und vor allem viel zu kostenaufwendig, Surinams Schatzkammern im großen Stil zu plündern. Das fehlende Straßennetz und die kaum schiffbaren Flüsse sind ausreichende Hemmnisse für die Kahlschläger. Aber wie lange noch?

Als Sandra und ich 1999 zum ersten Mal in dieses Land reisten, fing das Abenteuer schon bei der Buchung des Fluges an. Nach Surinam habe von Paderborn aus bis dato noch keiner reisen wollen, sagte man uns in unserem örtlichen Reisebüro. Gelandet sind wir nach zehn Flugstunden in Paramaribo, der Hauptstadt von Surinam. Wir wussten anfangs recht wenig über dieses Fleckchen Erde, und das Wenige hatten wir aus einem Reiseführer gefischt: Surinam, mit 163 820 Quadratkilometer Fläche das kleinste Land Südamerikas, ist knapp halb so groß wie Deutschland. Rund 400 000 Einwohner aus unterschiedlichen ethnischen und kulturellen Gruppen leben zu 90 Prozent in den Küstenregionen, über die Hälfte in der Hauptstadt. Eine der größten Moscheen Lateinamerikas steht in Paramaribo, unmittelbar neben einer katholischen Kirche, beide eingerahmt von farbenprächtigen Hindutempeln. Wenn die Weltgemeinschaft ein Sinnbild für religiöses Miteinander braucht, warum nicht dieses Stadtbild?

Auf Unverständnis stießen wir anfangs, wenn wir den Menschen an der Küste von unserem Vorhaben erzählten, den wahren Reichtum des Landes, die tropischen Wälder, zu erkunden. „Wahrer Reichtum?" Was meinen diese Weißen? Es gäbe dort giftige Schlangen und die Insekten wären eine schlimme Plage, bekamen wir zu hören. Und Geister würden in den Wäldern ihr Unwesen treiben. Es dauerte ganze drei Tage, bevor wir die ersten brauchbaren Informationen (von einem Guesthouse-Betreiber) bekamen. Er erzählte uns von einem Versorgungsboot, das tief in den Regenwald hineinfährt und Lebensmittel und Gebrauchsgegenstände zu den Ur-

Sandra am schönsten
Platz der Welt.

einwohnern bringt, die entlang den Flüssen leben. Die Kleinstadt, von der das Schiff ablegte, heißt Nieuw Nickerie und liegt an der Grenze zu Guyana, fünf holprige Busstunden von der Hauptstadt entfernt.

Unsere erste Reise in die Urwälder Surinams wird uns immer in Erinnerung bleiben. Wir fuhren auf einem alten (nach unserer westlichen Wahrnehmung schwer reparaturbedürftigen) Boot, dessen dreiköpfige Mannschaft aus Indern bestand. Die Männer waren nicht nur sehr freundlich, sondern auch noch ausgezeichnete Köche, die uns während der zweitägigen Fahrt mit köstlichem Fischcurry versorgten. Die Fische fingen sie während der Fahrt, sie landeten vom Haken direkt im Kochtopf.

Wir durften unser Zelt auf dem Dach des Bootes aufschlagen: eine Panoramafahrt ins grüne Herz des Landes. Dicht über dem Wasser wirbelte der Schiebewind, der vom Atlantik heranwehte, eine Konfettiwolke aus Myriaden bunter Schmetterlinge auf. Kaimane am Ufer unterbrachen ihren Döseschlaf und glitten pfeilschnell ins Wasser, wenn sich unser Boot näherte. Bis spät in der Nacht lagen wir auf dem Deck, genossen den kühlenden Fahrtwind und konnten uns nicht sattsehen an den Millionen von Sternen, die auf tiefschwarzem Samt glommen. Das Leben kann nicht schöner sein, sagten wir uns; allein diese Bootsfahrt wäre den ganzen Aufwand der Anreise wert gewesen.

Dieser ersten Reise folgten sieben weitere. Zusammengenommen fast zweieinhalb Jahre verbrachten wir bis jetzt in einem der ursprünglichsten Regenwaldgebiete des Amazonas-Tieflandes. Wir lebten zusammen mit Indianern und Marons, den Nachfahren der Sklaven, die im 18. Jahrhundert aus Afrika zur Plantagenarbeit ins Land verschleppt wurden. Viele von ihnen flohen und ließen sich im unzugänglichen Landesinneren nieder. Mit ihnen sind wir durch reißende Stromschnellen tief in die Urwälder gefahren und durchtanzten gemeinsam Urwaldnächte. (Übrigens: Nach zwölf Stunden Dauertanz kommt man auf eine stattliche Anzahl von Blasen an den Füßen.) Wir begleiteten sie auf die Jagd, lernten, wie man im Urwald lebt und überlebt und wie man Tiere im dichten Grün entdeckt, die nicht entdeckt werden wollen.

Für alle Regenwälder, die wir gesehen haben (und sicher auch für die, die uns bisher verschlossen blieben) gilt: Es ist schwierig, in einem intakten, großflächigen Regenwald überhaupt Tiere zu beobachten. Sie sind scheu und haben unendlich viele Möglichkeiten sich zu verbergen. Oft vergehen viele Tage, in denen wir außer Unmengen von aufdringlichen Moskitos nichts zu sehen bekommen.

Aber es gibt Begegnungen und Momente, die Tage, Wochen, Monate vergeblicher Warterei aufwiegen. Tief im Herzen Surinams waren Sandra und ich allein mit einem Boot unterwegs, als wir einen schwarzen Jaguar vor uns den Fluss durchqueren sahen. Er schwamm nur einige Meter entfernt an uns vorüber, gönnte uns einen kurzen Blick aus bernsteinfarbenen Katzenaugen. Oder: Wir beobachteten aus einem Versteck, wie Königsgeier sich hoch oben am Himmel formierten und dann mit angewinkelten Flügeln laut zischend wie Silvesterraketen herab auf ihre erspähte Beute stürzten, einen verendeten Ozelot.

«Der Puma schien nicht angriffslustig – eher überrascht.»

Folgende Seiten:
Wasser, Licht und Augenlust
Ich weiß nicht, wie viele Stunden ich insgesamt versucht habe, den großen Regenwald-Wasserzauber abzulichten. Aber es waren viele, viele tausend.

Gut getarnt, aus einigen Metern Entfernung, konnten wir die extrem scheuen Vögel beim Fressen beobachten.

Noch denkwürdiger war eine andere Begegnung. Ich saß tief im Dschungel Surinams kurz vor Anbruch der Morgendämmerung auf einem umgestürzten Baum und bemühte mich, die Geräuschkulisse des beginnenden Tages mit einem Digitalrekorder aufzunehmen. Sandra hatte ihren Kopf auf meinen Oberschenkel gelegt und war wieder eingeschlafen. Die Nacht war noch schwarz, und feiner Regen flüsterte in den Bäumen. Plötzlich spürte ich einen großen Schatten – „spürte", nicht „sah" – so jedenfalls steht es in meiner Erinnerung festgeschrieben. Ich knipste meine Taschenlampe an und ließ den Lichtkegel schweifen. Wie Smaragde funkelte das Regenwasser auf den Blättern, Zikaden und Schrecken machten einen höllischen Lärm, und einiges Kleingetier flüchtete vor dem gestochen scharfen Lichtkegel der Lampe.

Da war er wieder. Der Schatten! Er kam auf mich zu, jetzt hatte ich ihn im Fokus meiner Taschenlampe: Ein großes Tier mit braunem Fell – ich traute meinen Augen nicht –, ein ausgewachsener Puma kam lautlos auf mich zu. Zwei bis drei Meter vor mir blieb er stehen und setzte sich. Ich wagte kaum zu atmen, denn vor Pumas hatte man uns immer wieder eindringlich gewarnt. Für die Indianer gibt es kein gefährlicheres Tier im Wald. Was nun?

Gedanken jagten durch meinen Kopf. Sandra hatte noch nichts mitbekommen, sie schlief immer noch seelenruhig auf meinem Oberschenkel! Der Puma legte seinen Kopf schräg, mal nach links, mal nach rechts und schaute mich an. Ich weiß nicht, ob ich es damals – bis unter die Haarwurzeln mit Adrenalin aufgefüllt – so empfunden habe: Aber in meiner Erinnerung schaute er neugierig. Und ein wenig verwundert. Solch merkwürdige Gestalten hatte er nachts in seinem Wald noch nicht gesehen.

Trotz aller vorangegangenen Warnungen hatte ich nicht wirklich Angst – zumindest nicht die lähmende, alles niederknüppelnde, panische Variante. Meine Gefühle schwankten irgendwo zwischen Begeisterung und Wenn-das-mal-gutgeht. Die Raubkatze schien nicht angriffslustig, sondern eher überrascht und etwas ratlos zu sein. In Superzeitlupe legte ich meine Hand, den Puma dabei fest im Blick, auf Sandras Kopf und weckte sie mit den Worten: «Sandra, vor uns sitzt ein Puma, direkt vor uns, sei ganz leise!» Mit einem gehauchten «Oje – was machen wir denn jetzt?» richtete sie sich langsam auf; ich verstehe bis heute nicht, wie sie so ruhig bleiben konnte.

Natürlich hatten wir beim Anblick der wunderschönen Katze ein mulmiges Gefühl, doch die Begeisterung überwog bei weitem. Ich weiß nicht, wie viel Zeit verstrich, in der wir drei uns gegenseitig bestaunten. Aus der Spannung heraus und ganz ohne die möglichen Folgen abzuwägen, klatschte ich irgendwann in die Hände. Der Puma machte einen großen Satz rückwärts, drehte seinen Kopf noch einmal zu uns und verschwand mit einem kurzen Fauchen in der Morgendämmerung.

Unauslöschlich in Erinnerung bleiben werden uns auch die skurrilen Balzrituale der Guyana-Felsenhähne. Sie sind ungefähr so groß wie Tauben, wirken aber etwas gedrungener. Die Männchen sind hellorange gefiedert und tragen

einen Federkamm, der nach vorne bis über die Schnabelspitze reicht. Die Weibchen sind von ähnlicher Gestalt, tragen aber eine viel kleinere Federhaube, und ihr braun-schwarzes Gefieder ist deutlich schmuckloser als das der Hähne.

Wir hatten uns gewissermaßen bei Felsenhahn und -henne eingeschlichen und wohnten eine Reihe von Tagen als ungebetene, trotzdem geduldete Gäste ihren Balz-Festivitäten bei. Im orangefarbenen Federfrack stritten die Herren um die besten Plätze für ihre Tanzdarbietungen auf dem Urwaldparkett. Unter den – ich denke mal – prüfenden Blicken der Damenwelt führten sie die verrücktesten Tänze auf. Es wurde gehüpft, ausdauernd geschritten, man drehte die Köpfe und streute immer wieder Verrenkungen ein, für die es nichts Vergleichbares in unserer Welt der Tanzböden und Discos gibt. Vielleicht um sich selbst anzufeuern, brachen die Tänzer immer einmal wieder in heiseres Gekrähe aus, durchsetzt von klackenden Geräuschen und Gesang in Falsett-Stimmlage. Die Streithähne gaben wirklich alles, um die Weibchen, die das Ganze vom umliegenden Geäst aus verfolgten, für sich einzunehmen.

Ganz ruhig saßen Sandra und ich am Waldboden und beobachteten täglich viele Stunden lang das amüsante Durcheinander, das bisweilen in fetzige Streiterei ausartete. Manchmal beharkten sich die erregten Herren direkt über unseren Köpfen so heftig, dass kleine, orangefarbene Federn auf uns niedergingen. Einmal, ich blickte gerade durch meine Kamera, machte Sandra mich auf etwas schier Unglaubliches aufmerksam. Sie war gerade dabei, Tagebuch zu schreiben, als direkt vor ihr auf einem Ast – vielleicht einen Meter entfernt – einer der prächtigen Hähne eine Balzpause einlegte. Er hockte da und beobachtete sie – wohlgefällig, wollte mir scheinen. Zwischen den beiden stand nur ein schmaler Baum. Sandra flüsterte «Kuck mal, kuck mal ...», wobei sie links und rechts am Stamm vorbeiblickte; und – kaum zu glauben! – auch der Felsenhahn bewegte seinen Kopf nach beiden Seiten, wobei er Sandra nicht aus den Augen ließ. Hatte er sich etwa Großes vorgenommen?

Kann man sich in ein Land verlieben – mit der gleichen Intensität wie in einen Menschen? Bevor ich in Surinam war, hätte ich Zweifel angemeldet. Jetzt nicht mehr.

Auf unseren letzten Reisen haben wir vermehrt kleinere Holzfällercamps auf unserem Weg ins Innere Surinams gesehen. Oft stoppten wir und unterhielten uns mit den Arbeitern. Einige von ihnen kamen aus dem 12 000 Kilometer entfernten Indonesien. Bewusst naiv fragten wir, warum sie denn von so weit her anreisten? «*Tidak ada banyak utan*», erwiderten sie ein wenig verlegen, was übersetzt heißt: Wir haben nicht mehr so viel Wald. Eine Antwort, die es uns kalt den Rücken hinunterlaufen ließ und uns die globale Bedrohung der Regenwälder einmal mehr vor Augen führte. Den Holzfällern können wir keinen Vorwurf machen. Mit knochenharter Arbeit unter menschenunwürdigen Bedingungen versuchen sie nur, ein wenig Geld zu verdienen, das sie ihren Familien schicken, damit die überleben können.

Die Regenwälder sollten geschlossen Weltkulturerbe werden. Nicht die Reste der Reste der Reste. Und nicht irgendwann.

Westlicher Langschwanz-Schattenkolibri
Die Flugartistik der Kolibris ist Legende. Die bezaubernden Neuwelt-Vögel beherrschen auch den Schwirrflug auf der Stelle. Nur so können sie die vielen „Nektar to go“-Imbisse besuchen.

Kuhreiher und ein Ibis
Weiße Wolke mit rotem Fleck.

Vorige Seiten: **Vogelspinne**
Sie lebt in den tropischen Klimazonen der Erde. Mit Beginn der Dämmerung geht sie auf Beutejagd.

Weißkopfsaki
Nur ein einziges Mal hatten wir das Glück, diesen höchst seltenen Primaten zu sehen. Indianer nennen ihn den „fliegenden Affen“, weil er bis zu zehn Meter weit durchs Geäst springen kann.

Linke Seite: **Totenkopfäffchen**
Ich finde, die höchst lebendigen Gestalten hätten einen weniger düsteren Namen verdient.

Folgende Seiten: **Jaguarundi**
Sein lang gestreckter Körper und die kräftigen, kurzen Beine machen ihn zum perfekten Jäger im Unterholz. Der Jaguarundi klettert nicht gern, ist aber ein ausgezeichneter Schwimmer. Vermutlich ist die Wieselkatze, so ihr deutscher Zweitname, die stimmbegabteste Katze überhaupt. Mindestens 13 unterschiedliche Lautäußerungen hat sie im Repertoire.

Guyana-Felsenhahn
Als ich die Hähne das erste Mal sah, musste ich an eine bekannte Frage aus der Evolutionsbiologie denken: Wie viel Pracht darf sich ein Männchen erlauben? Wer auffällt, fällt ja auch seinen Feinden auf.

Folgende Seiten: **Grüne Anakonda**
Vorsichtig stieg ich ins Wasser und schwamm, den Fotoapparat über den Kopf haltend, auf sie zu. Eineinhalb Meter vor ihr blieb ich stehen, hielt die Luft an, bis die Spiegelung im Wasser wieder ein scharfes Bild bot – und löste aus.

Was braucht man mehr
zum Glücklichsein?

10.9.2010 Surinam - Camp bei den Stromschnellen

Vierter Tag an diesem wunderschönen Lagerplatz. Er liegt direkt an einem mächtigen Urwaldfluss, mitten im tiefen Regenwald. Bunte Aras und Tukane fliegen über uns hinweg, und noch vor Sonnenaufgang wecken uns die Brüllaffen. Ich fühle mich wie im Paradies. :-)
Nach Rückkehr aus dem Wald ging Diddi zum Fischen. Er wollte Paccus oder Piranhas zum Mittagessen fangen. Mmmh ... super lecker !!

Ich saß am Ufer auf einem Felsen und war vertieft in meinen Notizen. Plötzlich rief Diddi: Hol schnell die Kamera ich habe was Großes am Haken!!! Als ich hoch schaute, stand er schon bis zum Hals im Wasser. Ich beeilte mich und konnte ein paar witzige Fotos machen. Nach minutenlangem Zerren an der Angel zog er einen kolossalen, wunderschönen

Wels aus dem Wasser. Nach einem schnellen Beweisfoto ließen wir ihn wieder frei, denn zum Essen war er viel zu schade!!!

Stabinsekt
Für mich bleibt unbegreiflich, wie die Evolution so etwas austüfteln konnte.

Linke Seite: **Kegelköpfige Sattelschrecke**
Eine wissenschaftliche Studie belegt, dass Kegelköpfe nur selten von Fledermäusen verspeist werden. Die Insekten spüren die Annäherung der fliegenden Jäger und recken ihnen blitzschnell ihre „Nasenlanze“ entgegen.

Folgende Seiten: **Siesta**
Sonne kann – Feuchtigkeit muss! Uralte Froschweisheit.

Jaguar

Die Ureinwohner nennen ihn *„Jag War"*, was so viel bedeutet wie „Der im Fliegen jagt". Der Jaguar ist ein guter Kletterer. Tagsüber faulenzt er gern irgendwo oben im Blätterdach oder an Flussufern, von wo aus man Beutebewegungen gut im Auge behalten kann. Stehend im schwankenden Boot konnten wir diese Aufnahme machen. Es gab nur diese eine Chance in insgesamt vier amerikanischen Regenwaldjahren.

Köhlerschildkröte
Ihren Namen verdankt sie ihren gelben, orangen oder roten Flecken an Kopf und Beinen, die im Sonnenlicht wie glühende Kohle leuchten.

Der Buschmeister
Diese sagenumwobene Schlange ist die mächtigste aller Grubenottern und nach der Königskobra die zweitgrößte Giftschlange der Erde. Wir haben Jahre darauf gewartet, dem „Schrecken aller Schrecken“ zu begegnen – mit dem gebührenden Respekt.

Kinder der Buschkreolen
Ihre Vorfahren waren Sklaven. Sie sind frei. Wird man ihnen unsere Freiheit aufzwingen? Etwa die Freiheit, bald auf Straßen fahren zu können, wo jetzt noch ihr Lebensraum ist?

Folgende Seiten: **Nachts am Urwaldfluss**
Oft sitzen Sandra und ich nach langen Tagesmärschen einfach nur da und genießen die Magie tropischer Urwaldnächte.

NACHTS IM REGENWALD

Regenwald im Dunkeln ist magisch. Die Nächte unterm Blätterdom berühren einen tief. Und die Magie verliert nicht an Wirkung, wenn man Sinn und Zweck der Serenaden kennt: Reviermarkierung und Anlocken von Partnern.

Zum Glück sind wir heute Morgen nicht allzu tief in den Wald gegangen, wir erreichen ohne pitschnass zu werden noch rechtzeitig unsere kleine Kunststoffbehausung. Es folgen sieben Stunden, in denen es unaufhörlich auf unser Zelt einprasselt. Aber irgendwann hört es auf zu pladdern, nur noch vereinzelt mit dumpfem „Blopp“ knallen von den Blattspitzen fette Tropfen auf das Zeltdach. Draußen ist es dunkel geworden, der Übergang von Tag zu Nacht vollzieht sich so schnell, als hätte jemand einen Dimmer zügig heruntergedreht.

Wir bleiben noch einige Minuten im Zelt und lauschen einem vielstimmigen Chor: 100 Frösche oder noch deutlich mehr? Hocherfreut über die warme Tropendusche verfallen sie in dröhnende Euphorie. Das lässt unsere Erwartungen für die nächtliche Erkundungstour steigen, und wir packen ohne viel Zeit zu verlieren unsere Nachtausrüstung zusammen.

Sandra ist verantwortlich für die Taschenlampen, Messer, Regenschirme, Regenjacken, Stativ und das Tonaufnahmegerät. Auch immer dabei und direkt am Mann: eine Saugpumpe, mit der wir nach einem Biss oder Stich Gift mittels Unterdruck aus dem Körper saugen könnten. Ich bereite den Fotorucksack für die Nachtschicht vor. An die Kameras werden Makroobjektiv und Blitz angeschlossen. Außen am Rucksack klemmt ein Buschmesser. Wir sind fast jede Nacht unterwegs; wenige abgestimmte und eingespielte Handgriffe reichen uns zur Vorbereitung unserer „Nightwalks“.

Nachts durch einem Regenwald zu pirschen, ist ein Erlebnis der ganz besonderen Art, ein Fest für die Sinne. Anders als am Tag achtet man auf jede Kleinigkeit. Ein Geruch aus Fäulnis und frischem Moos vermischt sich mit dem lieblich-süßen Duft werbender Blüten. Blüten im Dunkeln können nicht optisch locken, daher der kräftige Appell an die Riechorgane diverser Tiere. Um uns herum, auf- und abschwingend, so als säße jemand an einem Tonregler, erklingt eine Nachtmusik von unzähligen Geschöpfen, manchmal vom lauten Aufschrei eines von uns aufgeschreckten Tieres durchschnitten.

Warum diese Dschungel-Serenaden? Viele Rufer(-innen) wollen auf sich aufmerksam machen: Hier bin ich, bitte begatten! Unzählige Rufer üben sich in akustischer Reviermarkierung: Hier bin ICH, wegbleiben! Und natürlich gibt es auch Warngeschrei: Da kommt einer, den wir hier überhaupt nicht haben wollen.

Bis weit in die Finsternis hinein erkennen wir den Lichtschweif von Glühwürmchen, die, um die Aufmerksamkeit eines Partners zu ergattern, grün illuminiert eine Nachtvorstellung tanzen. Auch wir werden hin und wieder mal angetanzt. Angelockt von den Lichtreflexen unserer Lampen kommen die Leuchtkäfer herbeigeflogen und umkreisen uns, bevor sie – womöglich ein wenig enttäuscht – wieder davonfliegen.

In mondlosen Nächten bleiben wir, besonders wenn es zuvor viel geregnet hat, manchmal stehen, schalten unsere Lampen aus und warten, dass sich unsere Augen an die Dunkelheit ge-

Opossum, Surinam
Den Tag verschlafen die Nachtjäger am liebsten in Baumhöhlen. Die neugierigen Tiere statten auch menschlichen Siedlungen gern einmal Besuche ab.

Leuchtende Pilze
Oft haben wir kleine Fliegen auf den lumineszierenden Pilzhütchen gesehen. Vermutlich lockt der Schimmer Fliegen an, die dann die Pilzsporen verbreiten.

wöhnen. Oft können wir dann das sanfte grünliche Leuchten von klitzekleinen Pilzen und Bakterien wahrnehmen, die den feuchten Waldboden, Blätter und faulendes Holz überziehen und das Waldesinnere stellenweise in einen magischen Garten verwandeln.

Vorsichtig gehen wir voran und leuchten immer wieder den Weg nach Schlangen ab die am Waldboden und im Geäst auf Beute lauernd liegen könnten. Der Lichtstrahl unserer Taschenlampen dringt durch die Nacht und schreckt einige Geschöpfe auf, die sofort flüchten, andere erstarren zu Zweigen und Blättern, und Regentropfen funkeln wie Diamanten. Dazwischen immer wieder kleine, eng zusammenstehende, gelbliche Lichtpunkte: Reflexionen von Spinnenaugen. Die Achtbeiner haben zur Nachtzeit, verteilt im ganzen Wald, ihre Jagdnetze aufgespannt. Die vielen Arten haben ganz unterschiedliche Strategien zum Beutefang entwickelt. Es gibt sogar eine Art, die ihr Netz zwischen ihren Beinen dicht über den Urwaldboden aufspannt, um es über vorbeikriechende oder -hüpfende Beute zu stülpen.

Immer benutzen wir Wege, die wir am Tag schon erkundet haben. Aber mit dem Wiedererkennen ist das so eine Sache. Blätter falten sich abends zusammen, die Vegetation wirkt dichter und verworrener als tagsüber, aus Vorhängen werden Mauern, und es kommt uns immer so vor, als ob die gesamte Pflanzenmasse zum Schlafen zusammengerückt wäre. Trotz der vielen Nächte, die wir mittlerweile in Tropenwäldern verbracht haben, ist etwas von diesem Gänsehautgefühl geblieben. Noch immer erschrecken wir, wenn eine Fledermaus blitzschnell direkt auf uns zufliegt, um eines der Insekten zu erbeuten, die ständig um uns herumschwirren. Für mich – ich gehe in unserem Zweierteam immer voraus – ist es auch nicht gerade angenehm, wenn ich ein riesiges Spinnennetz übersehen habe und mein Gesicht plötzlich von einem äußerst stabilen, klebrigen Gewebe überzogen wird.

Oft bleiben wir für Wochen an einem Ort und gehen Tag und Nacht denselben Weg. Dabei entdecken wir fast immer etwas Neues, das wir womöglich kein zweites Mal sehen werden. Man sammelt allerdings auch ein gewisses Erfahrungswissen an, was man ungefähr erwarten kann und was nicht. So gibt es Insekten, die optisch orientierten Jägern ausweichen wollen und deshalb nur in sehr dunklen Nächten aus ihren Verstecken kommen. Manche Arten mögen den Regen überhaupt nicht und verkriechen sich bei Tropfenfall unter Blättern, wo sie nur findet, wer gezielt nach ihnen sucht. Feuchtigkeit lockt wiederum viele Amphibien aus ihren Löchern und Höhlen hervor. Sind viele Frösche unterwegs, steigen wiederum die Chancen, einer Schlange auf der Jagd zu begegnen. Ganz Schüchterne – wie zum Beispiel Gespenstschrecken – zeigen sich nur zur Paarungszeit in der Dschungelöffentlichkeit, danach tauchen sie im Blattwirrwarr unter, und man bekommt sie für Monate nicht mehr zu Gesicht.

Bei einem „Nightwalk" im Regenwald von Surinam – es war so gegen 23 Uhr und wir waren auf den Rückweg zum Lagerplatz – bemerkte ich, dass wir von einem funkelnden Augenpaar aus ungefähr 25 Meter Entfernung beobachtet wurden. Sandra erkennt an meiner besonderen Art, in solchen Situationen stehen zu bleiben, dass „da was ist". Wir folgten konzentriert mit

Schlüpfende Glasflügelzikade, Borneo
Ein funkelndes, erst wenige Minuten altes Tier. Es gehört zu den lautesten Krachmachern im Regenwald.

Folgende Seiten:
Langzeitbelichtung
Sie zeichnet die Bewegung eines Leuchtkäfers nach. Zusätzlich habe ich einen wohldosierten Blitz kurz vorm Schließen des Verschlusses manuell ausgelöst.

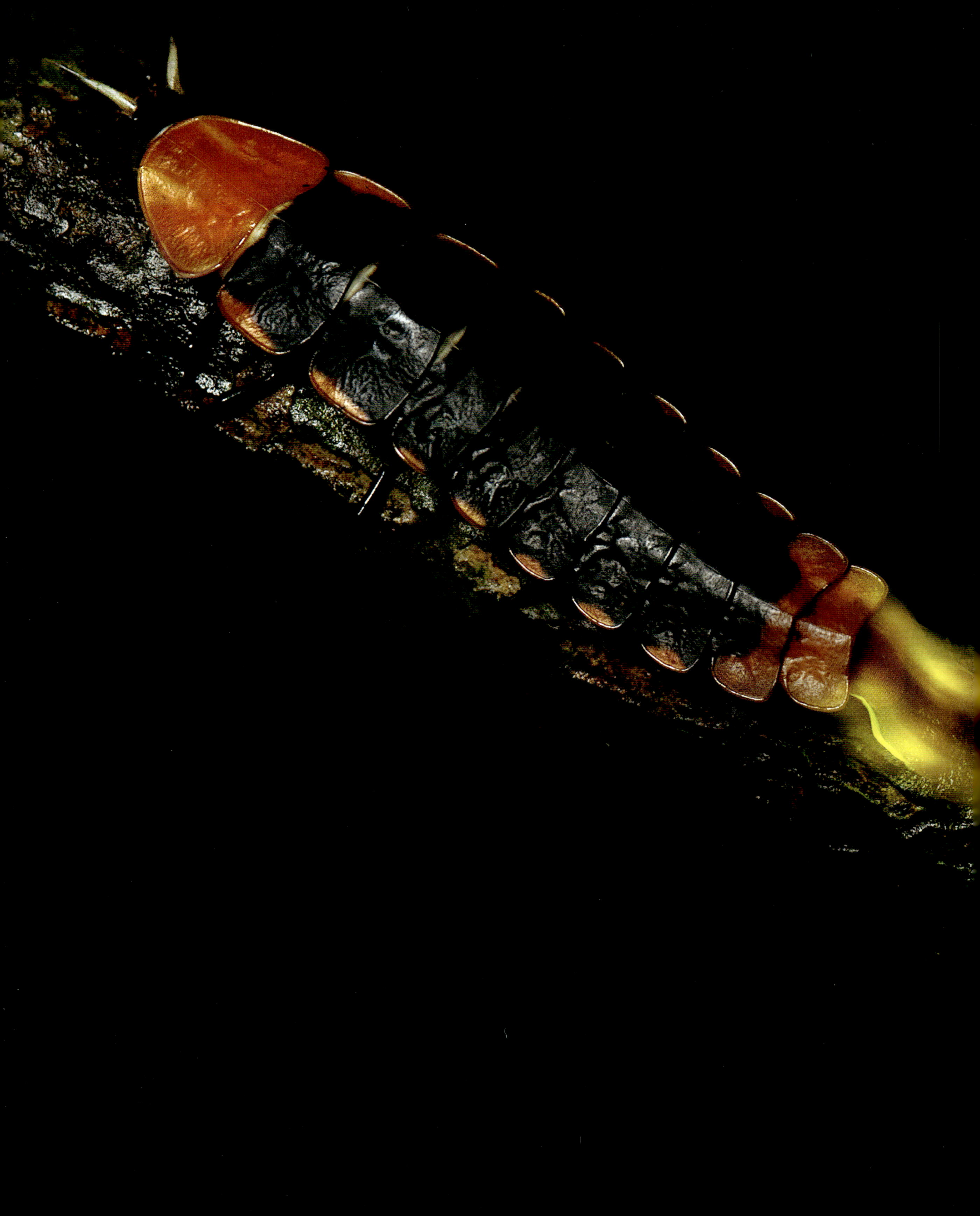

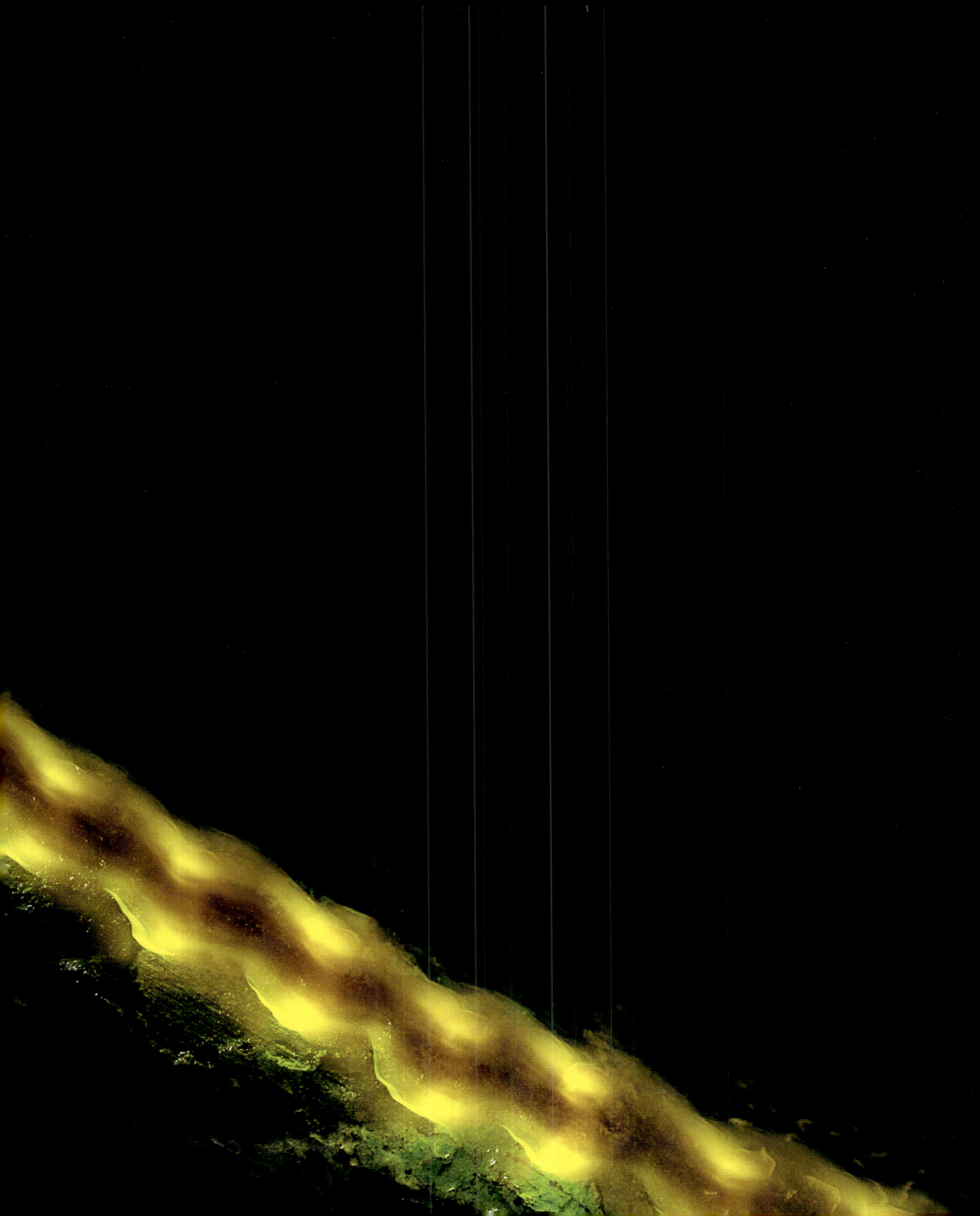

den Augen den wandernden Lichtkegeln unserer Taschenlampen. «He, jaja – ich sehe es auch, ein Ozelot», flüsterte sie mir zu.

Ich wollte schon zustimmend nicken, schließlich hatten wir nachts in Surinam schon zweimal einen Ozelot, die drittgrößte Raubkatze Lateinamerikas, gesehen. Aber irgendwie kam mir alles etwas – ich weiß nicht wie – aber anders vor. Und dann dieser Augenabstand ...

Beide leuchteten wir genauer hin und rückten einige Meter näher vor. Die Erkenntnis kam wohl auf die Hundertstelsekunde genau zeitgleich über Sandra und mich: ein Jaguar! Wir konnten die Fellzeichnung und die Umrisse nun gut erkennen. Um vorbereitet zu sein, sprechen wir immer wieder darüber, wie wir uns in kritischen Situationen verhalten wollen. Aber in diesem Moment war alles vergessen. Ich murmelte nur aus dem Mundwinkel: «Was machen wir denn jetzt?» Von ihr kam nur ein dünnes «Keine Ahnung». Wie angewurzelt blieben wir stehen und beobachteten den Jaguar. Er stand nicht, sondern saß – saß einfach so da, wenige Schritte vor uns. Bestimmt war er genauso ratlos wie wir, war einfach nur neugierig diesen unbekannten, komischen Gestalten gefolgt.

Dann stand der Jaguar auf, wobei sein Blick immer noch auf uns gerichtet blieb, drehte sich ganz gelassen zur Seite. Jetzt erst erkannten wir seine wunderschöne Fellzeichnung. Und während wir noch wie in Trance schauten, verschwand er lautlos in der Dunkelheit.

Sandra und ich konnten nicht fassen, was wir soeben erlebt hatten: Die gefürchtete Raubkatze – über die so viele Legenden im Umlauf sind wie über kaum eine andere Großkatze – hatte direkt vor uns gesessen. Wir blieben noch eine ganze Weile stehen und leuchteten auf die Stelle, an der der Jaguar verschwunden war, so als stünde noch eine Zugabe in Aussicht.

Etwas mulmig war uns auf den Rückweg schon zumute. Wie unter Zwang drehten wir uns alle paar Schritte um und reagierten auf die kleinsten Geräusche, selbst auf solche, die wir schon seit unseren frühen Dschungeljahren genau zuordnen können. Im Zelt angekommen fragte mich Sandra, ob ich denn Angst gehabt hätte. Ich überlegte ein wenig und antwortete: «Nein, und du?» «Ich auch nicht.» Aber sie hatte so ein Funkeln in den Augen, als sie das sagte. In dieser Nacht gingen wir zu dritt schlafen. Der Jaguar lag irgendwie zwischen uns.

Waglers Bambusotter
Die untere Strauchzone des Regenwaldes ist ihr Jagdrevier. Reglos lauert die Giftschlange auf Beute, um im günstigsten Moment pfeilschnell zuzubeißen.

Boliviens Madidi-Nationalpark mausert sich zu einer der ersten Adressen für Regenwaldtouristen. „Schutz durch Nutz" heißt die Devise. Auch die gebirgige Lage hilft schützen, denn wo sich keine Pisten für Sattelschlepper anlegen lassen, bleibt die Holzindustrie draußen.

BOLIVIEN
DES LEBENS GANZE FÜLLE

Ich kannte ihn vorher nur aus den Kreuzworträtseln: Papagei mit drei Buchstaben. Der Ara ist mit das Schönste und Unterhaltsamste, was einem im Dschungel geboten wird. Ihre Zärtlichkeit miteinander und die Intelligenz der Vögel sind womöglich noch faszinierender als ihre Farbenpracht.

Titicacasee, bunte Indianermärkte, Guanakos, die durch die weitläufige Graslandschaft des Hochlandes streifen und natürlich die eisbedeckten Gipfel des Altiplano – all das ist Bolivien. Betrachtet man dann aber die Landkarte genauer, fällt einem auf, dass die Hälfte des Landes zum Amazonasbecken gehört.

Von der Stadt La Paz aus, die sich in über 4000 Meter an die Felswände der Anden schmiegt, sind wir mit dem Bus hinunter in die dampfenden Tieflandwälder Amazoniens gerutscht – „gefahren" würde unsere Reise nicht zutreffend beschreiben. Wenn einen nicht gerade Felsbrocken oder eine weggeschwemmte Fahrbahn aufhalten, erreicht man nach rund 15 Stunden schwindelerregender Tour die Kleinstadt Rurrenabaque, ein idyllisch gelegenes Dschungelörtchen im Departamento Beni, der ideale Ausgangspunkt für Touren in die Urwälder des Madidi-Nationalparks, ein seit 1995 offiziell unter Naturschutz gestelltes Gebiet von riesigen Ausmaßen. Dieses rund 19000 Quadratkilometer große Areal – fast so groß wie das Bundesland Hessen – vereint verschiedenste Biotope, vom Tieflandregenwald über Nebel- und Bergwälder bis hinauf in die eisigen Andenregionen. Der Madidi zählt neben dem Manu-Biosphärenreservat in Peru zu den artenreichsten Naturräumen Südamerikas. Mit seiner schier unfasslichen Pflanzenvielfalt, der überbordenden Insektenfauna, den wahrscheinlich über 1100 Vogelarten, den an die 350 Reptilien- und Amphibien- und mehr als 150 Säugetierarten (darunter Brillenbär, Tapir, Riesenotter und Waldhund) ist der Madidi ein „Hotspot" der Artenvielfalt.

Folgende Seiten:
Hellroter Ara oder Arakanga
Eine Farbexplosion im dunklen Grün des Regenwaldes.

Das Städtchen Rurrenabaque, von wo aus die meisten Parkbesucher in den Park aufbrechen, verdankt seinen Namen einem Wort aus der Indianersprache: Rurrenabaque bedeutet „Ententeich". In dem tummeln sich mittlerweile über 13000 Menschen, deren Haupteinnahmequelle der Naturtourismus ist.

Die Mehrzahl der ausländischen Besucher hat Drei- bis Fünftagestouren gebucht. Von La Paz aus, wo die Gruppen zusammengestellt werden, fliegen die meisten direkt an den Rand des Dschungels, bereit für das große Abenteuer. Weiter geht es dann per Boot, entweder auf einem Urwaldfluss, immer am Dschungelpanorama entlang, oder im Flusssystem, das die Graslandschaften der Pampas durchzieht.

Dieses Mal wollen wir zur Abwechslung einmal die bequeme Touri-Variante testen. Begleitet von Tourguide, Koch und Bootsführer schippern wir grünwärts. Kaimane faulenzen in der Sonne, Wasserschweine suchen das Flussufer nach

Fressbarem ab, und Affen hangeln sich durch die Baumkronen. Der ständige Besucherverkehr hat vielen Tieren ihre natürliche Scheu genommen. Man sieht in der Tat mehr als auf einsamen Pfaden. Nach langen, angenehm faulen Stunden des Sich-treiben-Lassens bequemt man sich aus dem Boot und folgt dem furchtlosen Guide bei der Suche nach der „Riesenanakonda", die natürlich am bestmöglichen Ort „gefunden" wird. Ich glaube, wir waren die einzigen, die bemerkten, dass es sich um ein Jungtier handelte.

Schon nach einigen Minuten hat der Guide meist eine entdeckt, fängt sie mit geübtem Griff und präsentiert sie der Gruppe. Besonders Wagemutige lassen sich die Schlange über die Schultern legen und sich mit der Gefahr im Nacken aus allen Positionen fotografieren. Bei all dem wirkt die Anakonda merkwürdig gelassen. Halt ein Profi-Model mit viel Erfahrung.

Als Sandra und ich 1992 zum ersten Mal nach Rurrenabaque kamen, stand die Planung eines Nationlaparks noch auf dem Reißbrett und der Tourismus steckte in den Kinderschuhen. Auch wir waren damals, um tiefer in den Wald zu gelangen, auf die Hilfe eines ortskundigen Führers und Bootsmannes angewiesen. Nach einigem Herumfragen lernten wir Julius und seinen Bruder Pedro kennen, Indianer mit exzellenten Kenntnissen von Wald und Flusssystemen. Außerdem hatten die beiden ein motorisiertes Boot. Sie waren uns auf Anhieb sympathisch.

Ich behaupte, man bekommt mit der Zeit einen leidlich sicheren Blick, wer vertrauenswürdig ist und wer weniger. Hier stimmte alles. Zusammen kauften wir Proviant, Treibstoff und was sonst noch zu einer zweiwöchigen Tour durch den Regenwald gehört. Früh am nächsten Morgen legten wir ab.

Einzelne Nebelwolken zogen noch über den Rio Beni hinweg und dichter Regenwald stand wie eine grüne Wand an beiden Ufern. Schon nach wenigen Metern auf dem Fluss machte uns Julius auf einen Schlangenhalsvogel aufmerksam, der seine Flügel zum Trocknen aufgespannt hatte und sein erstes schuppiges Frühstück verdaute. Der Beutestoß, den der Kormoranverwandte unter Wasser gegen Fische führt, soll zu den absolut schnellsten Bewegungen zählen, zu denen Wirbeltiere auf Erden fähig sind.

Nur wenig später entdeckten wir einen wunderschönen Tigerreiher; er lauerte reglos und stoßbereit mit angespanntem Körper auf Beute, sein braun-weißer Tarnanzug ließ ihn mit der Umgebung fast perfekt verschmelzen. Flussfahrten bieten oft die einzige Möglichkeit, einen Blick auf die scheuen Bewohner des Regenwaldes zu werfen. Wir bekamen in den folgenden Tagen verschiedene Affenarten und Wildschweine zu sehen, ja sogar einen schwarzen Jaguarundi. Das von Nasen- bis Schwanzspitze gut einen Meter lange, elegante Tier schwamm direkt vor unserem Boot her und kreuzte schließlich unseren Weg. Die Wieselkatze ist zwar nicht allzu selten, zählt aber wegen ihrer zurückgezogenen Lebensweise zur seltenen Beute bei Fernglas- und Foto-Jägern.

Ich muss immer wieder betonen: Im Inneren des Waldes sieht man verdammt selten größere Tiere. Und wenn, muss das Glück schon auf einen zukommen – wie an jenem ganz besonderen Morgen. Wir waren gerade dabei, unsere Zähne zu putzen, als wir von einer Bande Toten-

«Schön und zärtlich – die Aras sind Wundervögel!»

kopfäffchen umzingelt wurden. Sie turnten von den Bäumen zu uns herunter und beobachteten uns. Und ich schwöre: Sie ahmten die Grimassen nach, die wir beim Zähneputzen machten.

Das Lager schlugen wir nach Möglichkeit am Flussufer auf. Herrlich, sich nach schweißtreibenden Touren durch den Wald ein wenig abzukühlen und zu waschen. Jeden Tag waren wir für viele Stunden mit Julius im Regenwald unterwegs. Die Gänge mit ihm waren eine große Bereicherung; er machte uns auf giftige, mit Stacheln besetzte Pflanzen aufmerksam und zeigte uns eine Spinne, deren Biss zu schlimmen Infektionen führt. Nebenbei öffnete er uns seine Dschungelapotheke: Mit seinem Buschmesser schlug er ein Stück Baumrinde ab, aus der er einen Tee braute, der bei mir leichte Gelenkschmerzen rückstandslos wegspülte. Kurze Zeit später spaltete er einen Ast, dessen weiches Inneres nach Knoblauch roch und zum Schutz gegen Moskitos auf die Haut gerieben wird. Auch Mittel gegen Herzbeschwerden, Kopfschmerzen und Potenzdefizite hatte er im Angebot, wovon wir allerdings keinen Gebrauch machen mussten.

Eines Tages führte er uns auf einen Hügel, auf dessen Kuppe markante Baumkronen aufragten. Hier hätte eine Gruppe Hellroter Aras ihren Schlafplatz, erzählte er uns. Der Weg hinauf ging durch beeindruckenden Urwald, dicke verholzte Lianen wucherten im Waldesinneren, einige sahen aus wie überdimensionale Korkenzieher, andere durchzogen den Wald wie Achterbahnen. Die Bezeichnung „Affenleitern" gefällt mir am besten, weil sie bildhaft und genau ist. Schließlich erreichten wir die Hügelkuppe mit phantastischem Blick über den Regenwald. Wir hatten noch ein wenig Zeit, bevor wir die Aras von ihrer Nahrungssuche zurückerwarten konnten und bauten, um sie nicht mit unserer Anwesenheit zu irritieren, schnell aus Ästen und Palmblättern einen kleinen Unterstand. Die Sonne war schon fast hinter den Baumwipfeln verschwunden, als wir die unverkennbaren Rufe der Aras hörten. Sie flogen paarweise in Formation auf uns zu. Die meisten landeten in unmittelbarer Nähe, direkt in den Bäumen. Zwei Pärchen drehten einige Ehrenrunden und flogen mit lautem Gekreische nur wenige Meter an uns vorbei – unbeschreiblich.

Erst als es ganz dunkel und nichts mehr von ihnen zu hören war, verließen wir vorsichtig und auf Zehenspitzen das Versteck. Wir beschlossen, am nächsten Tag in aller Frühe noch einmal hier hinaufzukommen. Schon um fünf Uhr erreichten wir den Unterschlupf. Julius begleitete uns. Als es anfing zu dämmern, zog dichter Nebel auf und wir dachten schon: Pech gehabt! Dann hörten wir ein leises Krächzen, schauten genau hin und konnten die Umrisse eines Ara-Pärchens im Nebel ausmachen. Sie saßen eng nebeneinander vielleicht zehn Meter von uns entfernt auf einen Ast. Es war ergreifend zu beobachten, mit welcher Hingabe sich das Paar liebkoste, wie sich die Köpfe zärtlich berührten, wie sie sich gegenseitig das Gefieder pflegten und gefühlvoll miteinander schnäbelten. Schön und zärtlich – die Aras sind Wundervögel!

Auf dem Rückweg ins Camp sprachen wir kaum. Ich dachte an die vielen Papageien, denen man ihre Gelege stiehlt, und auch an die lebenden Gefangenen, die in Plastikrohre gestopft über Grenzen geschmuggelt werden. Neben Gummibaum und Couch verblöden sie hinter Gittern.

Folgende Seiten:
Früh am Morgen
Wir lassen unsere Augen über das Nebelmeer schweifen.

Riemennatter
Die filigrane kleine Schlange schien zu wissen,
was sich ein Naturfotograf von ihr wünscht.

Grashüpfer
Er hat auf einem eingerollten Farnblatt Platz genommen. Details zu entdecken ist das eine, sie überzeugend ins Bild zu setzen das andere.

Echse
Der Pilzwald, aus dem das Anolis-Junge herausschaut, ist nur um die fünf Zentimeter hoch.

Pilze im Regenwald
Der feuchte Wald funktioniert nur, weil diverse „Abbauspezialisten“ sich um Abgestorbenes kümmern. Pilze haben großen Anteil daran, die große Nährstoffpumpe in Gang zu halten.

Mitten im Wald
Wie Adern durchziehen Wurzeln den Waldboden, Stützvorrichtungen, auf der Suche nach Nährstoffen.

Grüne Hundskopfboa
Für Sandra und mich eine der schönsten Schlangen im Regenwald.

ARTENVIELFALT

Das Netz des Lebens reißt, heißt es. Der galoppierende Artenschwund ist Thema internationaler Konferenzen. Dort werden die immer gleichen Deklarationen abgezeichnet: Regenwälder, die „Hotspots" der Biodiversität, müssen der Menschheit gehören, nicht den Sägekommandos.

Gelesen hatte ich es während der langen Flugreise nach Indonesien; die zähen Stunden zwischen Essen vom Plastikbrettchen und Nicht-ganz-Schlafen taugten ganz gut, mir das Wesentliche nochmals ins Gedächtnis zu rufen: Im Grunde genommen sind die grünen Gürtel am Äquatorbauch der Erde immer noch weiße Flecken. Kein Forscher weiß, wie viele Spezies es in den Dschungeln der Erde wirklich gibt. Benannt hat man bisher nur einen kleinen Bruchteil, etwa 1,9 Millionen Arten, wovon der größte Anteil auf die Insekten entfällt, gefolgt von den Pilzen – die im botanischen Sinne keine Pflanzen sind – und Pflanzen. Wirbeltiere zählen, wenn es um die großen Artenzahlen geht, nur unter ferner liefen.

Aber natürlich geht es Fotografen wie uns auch um die „Luxuskarossen der Evolution": um Säugetiere. Aber Borneo würde uns von allem etwas bieten. Von Mikro bis Makro, von Miniblüte bis Waldelefant.

Sandra und ich waren gerade in einem Urwaldgebiet unterwegs, das zum Kinabalu-Nationalpark in Borneo gehört, als wir durch ein lautes Motorengeräusch auf eine dicke weiße Nebelwolke aufmerksam wurden. Sie quoll durch dichtes Blattwerk nach oben. Wir dachten zuerst, wir seien auf illegale Holzfäller gestoßen, die ein Buschfeuer entzündet hätten. Aber wir lernten Dr. Andreas Floren bei seiner Arbeit kennen, einen Würzburger Spezialisten für Tropeninsekten und -spinnen. Das Geräusch wurde von einer Maschine verursacht, die giftigen Nebel produzierte und in die Baumkronen blies, um dort Insekten zu töten. Nach kurzer Zeit fielen sie in aufgespannte Tücher.

Andreas erzählte uns, dass vor 20 Jahren, als er mit seiner Doktorarbeit begann, die „Insektizidvernebelungen" der Biodiversitätsforschung mächtig auf die Sprünge geholfen hatten. Plötzlich war es möglich, Artenzahl und Tiermengen in einem Lebensraum zu ermitteln, der zuvor für Menschen kaum erreichbar war und deshalb auch lange unbeachtet blieb.

Seither vermelden Biodiversitätsexperten fast Jahr für Jahr, dass es womöglich noch viel mehr Arten weltweit gibt, als bisher angenommen. Längst geht es nicht mehr um einstellige Millionenwerte; um die 30 Millionen Tier- und Pflanzenarten (etliche halten auch diese Zahl um ein Vielfaches zu niedrig) sollen auf der Erde existieren, etwa ein Viertel davon in den Meeren. Aber gerade die Welt unter Wasser – und hier besonders die Tiefsee – ist noch für Überraschungen jedweder Größenordnung gut.

Mit Kränen und Heißluft-Schiffen dringen Biologen in das Dach des Regenwaldes vor oder greifen zu „giftgestützten Einzelbaum-Proben" – bekannt geworden als „Insektizidvernebelungen". Sie versuchen mit unterschiedlichen Methoden und Annäherungen, sich ein genaueres Bild von Artenzusammensetzung und Biodiversität im Regenwald zu machen. Allein Andreas Floren sammelte in zwei Jahrzehnten etwa 2000 Käferarten aus nur 19 Tropenbäumen – das entspricht einem Viertel der Arten, die für ganz Mitteleuropa be-

Königsgeier, Surinam
Mit einer Flügelspannweite von zwei Metern schwebt der bunte Geier auf der Suche nach Fressbarem über sein Dschungelreich. Haben seine extrem scharfen Augen und seine feine Nase Beute aufgespürt, stürzt er mit angewinkelten Flügeln laut zischend vom Himmel.

Raupe mit giftigen Stacheln, Borneo
Die grellen Farben signalisieren möglichen Fressfeinden Gefahr. Selbst bei Menschen kann die Berührung der Stacheln einen schwer erträglichen Juckreiz auslösen; auch Schwellungen und Schwindel sind nicht selten. Gut also, dass die Raupe warnt!

Agame, Sumatra
Alle Agamenarten haben scharfe Augen. Sie sind an viele Lebensräume und Klimata angepasst. Aber Regenwälder mögen sie besonders.

kannt sind. Rund 350 000 Käferarten aus 179 Familien sind bisher beschrieben worden. Das Erfolgsmodell Käfer ist alt: mindestens 265 Millionen Jahre; das bezeugt ein versteinerter Käfer aus dem Perm.

Käfer sind relativ einfach zu fangen und lassen sich dank ihres widerstandsfähigen Chitinpanzers hervorragend in Sammlungen aufbewahren. Fein säuberlich aufgesteckt, nach Familien und Überfamilien geordnet, zieren sie Schaukästen von Sammlern auf der ganzen Welt und bieten der Wissenschaft ein gutes Grundlagenwerk, sogar für längst schon ausgestorbene Arten. Das ist bei den vermutlich viel artenreicheren Gruppen der Fliegen und Wespen – die Wissenschaft nennt sie Zweiflügler und Hautflügler – nicht ohne weiteres möglich. Diese Arten sind (oder gelten als) weniger attraktiv, und es ist viel schwieriger, sie aufzubewahren. Nicht wenige „Käferbeinzähler" vermuten daher, dass ihre „Arbeitstiere" einfach „leichter zu handeln" seien, aber keineswegs artenreicher die Erde bevölkern als einige andere Großgruppen. Ob das allerdings mehr ist als ein begründeter Verdacht, können wir nicht sagen. Wir sind Amateure, und das umso lieber, seit wir wissen, dass das Wort Amateur so viel wie „Liebhaber" bedeutet.

Wenn jemand die Artenvielfalt im Tropengürtel zu erklären versucht, betont er meist, wie alt diese Wälder sind – bis zu 200 Millionen Jahre – und wie viel Zeit daher das Leben hatte, sich bei bester Versorgung mit Wasser und Wärme ungestört zu entwickeln. Das versteht auch der Laie.

Wenn man allerdings auf die knappen Nährstoffe im Tropenwald als Mit-Ursache für den Artenreichtum hinweist, ruft man meist Verwirrung hervor: Armut als Quelle für Reichtum? Und doch ist es wahr: Die extrem ausgelaugten Böden haben kaum Nährstoffe zu bieten. Dieser Mangel verhindert, dass sich einzelne, konkurrenzstarke Arten massenhaft vermehren. Und der „Defizit-Faktor" macht die Natur (die Evolution, die Schöpfung) erfinderisch auf ihrer Suche nach Antworten auf die Alles-oder-nichts-Frage: Wie mit dem Wenigen auskommen?

So war es schon immer in den Regenwäldern. Nun droht der Mensch, die Hauptquelle des genetischen Reichtums zum Versiegen zu bringen. Experten sagen voraus, dass die Regenwälder der Erde in 40 Jahren verschwunden sein werden, wenn das Tempo ihrer Zerstörung unverändert anhält. Damit wäre die biologische Regenerationsfähigkeit der Erde womöglich gebrochen. Täglich 137 Tier- und Pflanzenarten (entsprechend 50 000 pro Jahr) verlieren wir derzeit – nicht zuletzt deshalb, weil in den großen Regenwäldern so viele Bäume gefällt werden.

Wenn Sandra und ich – beispielsweise nach Vorträgen über unsere Dschungelreisen – mit Naturfreunden, Biologen oder Politikern darüber sprechen, stellt sich sofort großes Einvernehmen ein: Das Abholzen müsse gestoppt werden!

Bisher aber wurde er noch nicht einmal verlangsamt. Noch im Dezember 2011 konnte sich die Weltklimakonferenz in Durban, Südafrika, zu keinem verbindlichen Schutzabkommen für die Regenwälder entschließen.

Großes Wandelndes Blatt, Malaysia
Bei dieser Aufnahme mussten wir schmunzeln: Die Dame hat sich offensichtlich „ausgehfein" gemacht. Auf wen hatte sie es wohl abgesehen, fragen wir uns.

Guatemala – kleines Land mit großer Artenvielfalt. Besonders im montanen Bereich der Nebelwälder treibt das Leben üppige Blüten. Wer Riesenglück hat, sieht die Elliotelfe, einen der kleinsten Kolibris der Welt, der nur in Guatemala vorkommt.

GUATEMALA

ELFENTANZ MIT REGENSCHLEIERN

Der Bergregenwald im östlichen Guatemala bewahrt Reste vergangener Pracht. Aber was für welche! Nach Augenfutter brauchten wir dort nicht lange zu hungern. Hungern mussten wir, weil der Wald zu viel bot und wir deshalb – bei zu knappen Essensrationen – länger als geplant blieben.

Mittelamerika, das ist die schmale Landmasse, die vom südlichen Mexiko bis zur Grenze Kolumbiens reicht und die beiden Teile des amerikanischen Doppelkontinents miteinander verbindet. Sieben kleinere Länder teilen sich diese Landbrücke, die noch vor einigen Jahrzehnten durchgehend dschungelgrün war.

Bevölkerungswachstum, Viehzucht und der Anbau von Bananen, Mais, Zuckerrohr und Kaffee haben dafür gesorgt, dass nur noch wenige Fetzen der ursprünglichen Naturlandschaften übrig geblieben sind. Zu den bemerkenswerten Resten zählen die Urwälder der Sierra de las Minas, eines Gebirgszugs mit über 3000 Meter hohen Gipfeln im östlichen Guatemala – natürlich das Ziel unserer Reise.

Hier sollen über verschiedene Vegetationszonen verteilt 70 Prozent aller Tierarten leben, die in Guatemala vorkommen, darunter so seltene wie Jaguar, Puma, Ozelot, Tapir und sogar die Harpyie. Wo dieser sagenumwobene Adler, der stärkste und mächtigste Greifvogel unserer Erde, (über-)leben kann, ist die Natur noch weitgehend intakt. Absolut einleuchtend, dass er zum Gütesiegel des Biosphärenreservates Sierra de las Minas auserkoren wurde. Wenn alles gut geht, wird das Reservat in naher Zukunft als Nationalpark anerkannt werden.

Folgende Seiten: **Tikal** Ruinen früherer Kulturen. Die berühmte Mayastadt versinkt im grünen Meer. Wer die Stätte ohne Touristenrummel erleben will, sollte ganz früh aufstehen.

Bevor wir uns auf den Weg in die Bergwälder machen, wollen wir uns das touristische Highlight Guatemalas nicht entgehen lassen: Tikal, die antike Stadt der Mayas mit ihren monumentalen Ruinen, die aus feucht dampfendem Urwald aufragen. In aller Regel versuchen wir, touristische Hotspots mit ihren unvermeidlichen Massenaufläufen zu umgehen. Dass wir uns hier anders entschieden haben, ist gut – nein, exzellent! Wir bekommen eine Ausnahmegenehmigung, die uns gestattet, in Begleitung eines Park-Rangers schon in der Nacht eine der Pyramiden zu besteigen. Im Mondlicht schimmern die silbrig grauen Schatten einzelner Tempel. Der Urwald, aus dem sie herausragen, liegt unter einer dunklen Nebeldecke verborgen. Als sich der Horizont erst pastellfarbig dann kräftiger rot färbt, hörten wir den großen Morgenchoral der Brüllaffen. Der territoriale Brüllgesang der großen Neuweltaffen wäre für jeden, der gern das Gruseln lernen will, die geeignete Ouvertüre.

Mit dem Bus, auf der Ladefläche eines Lkws und zu Fuß dauert es zwei anstrengende Tage, bis wir unser Ziel erreichen, das in über 2000 Meter Höhe in den wolkenverhangenen Bergwäldern liegt. Wir haben Proviant dabei; wenn wir uns mit nur zwei dürftigen Mahlzeiten am Tag begnügen, sollte es für ungefähr eine Woche

«Die Schatten der Pflanzen tanzen Geisterballett.»

reichen. Trinkwasser können wir uns zum Glück aus den vielen kleinen Bächen herausfiltern. Als Lagerplatz wählen wir eine Lichtung mit Blick auf einen fantastischen Nebelwald. Vor lauter Vorfreude können wir die erste Nacht nicht gut schlafen und sind schon sehr früh wach. Es ist empfindlich kalt und noch dazu windig. Am Zelt perlen dicke Wassertropfen ab, und fette Nebelwolken streifen ihre nassen Finger an uns ab.

Der Waldboden ist von einem so dicken und weichen Moosteppich überzogen, dass wir bis zu den Knöcheln einsinken. Die kühle Dauerfeuchte sorgt in diesen Höhenlagen für eine Wuchskraft, die man körperlich zu spüren meint. Alles ist triefend nass, es riecht nach Fäulnis und Frische zugleich, jeder einzelne Quadratzentimeter ist von einem Pflanzengeflecht überzogen. Durch ein Labyrinth aus knorrigen Stämmen, Würgern, Schlingern und Klimmern bewegen wir uns in einer Landschaft, die unsere Körpergrenzen nicht zu respektieren scheint. Es ist, als wüchse der Wald in uns hinein.

Viele Bäume fahren unter dem Zugriff unzähliger Aufsitzerpflanzen ein Notprogramm: Sie verschaffen sich Erleichterung, indem sie überladene Äste abwerfen. Weil das Kronendach stets in Nebel gehüllt ist, lassen sich die Umrisse der Vegetation nur schemenhaft erkennen. Wenn Pflanzen im Windzug nicken, tanzen ihre Schatten Geisterballett.

Im üppigen Dauergrün entdecken wir winzige Orchideen, manche gerade einmal so groß wie ein Stecknadelkopf. Sie werben mit gelben, rötlichen oder zartlila Farbtönen um die Gunst von Bestäubern, darunter auch sehr besondere: Daumengroße Kolibris im metallisch glänzenden Federkleid tauchen wie aus dem Nichts auf und schwirren Nektar trinkend im Standflug vor den Kelchen. Manche inspizieren auch kurz Sandras rotes Kopftuch – für sie vielleicht eine verlockende Riesenblüte –, ehe sie funkelnd davonzischen.

An einem der ganz seltenen sonnigen Morgen macht Sandra mich auf ein immer wiederkehrendes Vogelgezwitscher aufmerksam – kurze, sich überschlagende Töne, die sich in Vier- bis Fünfminutenabständen wiederholen. Wir machen uns auf, um nach dem Sänger zu suchen. Zunächst vergeblich.

Stopp! Da ist „es" schon wieder! Aber kein Vogel weit und breit, obwohl es sich so anhört, als ob er direkt vor uns säße. Plötzlich sagt Sandra: «Da, da – da ist so was Pinkiges, direkt vor uns!» Wir schauen genauer hin und können es kaum fassen: ein winziger Kolibri, etwas größer als eine Hummel. Damals wussten wir noch nicht, dass es sich bei diesem Knirps um eine männliche Elliotelfe handelte, einen der kleinsten Kolibris unter den Kleinen. Er kommt ausschließlich in Guatemala vor und zeigt sich auch hier nur höchst selten. Über zwei Stunden können wir ihn bei seinem Balzritual beobachten. Immer wieder fliegt er auf, kehrt auf denselben Zweig zurück, spannt klitzekleine Federn, die unterm Schnabel am Hals wachsen, zu einem Fächer auf und dreht seinen Körper so lange, bis er im richtigen Winkel zum Sonnenlicht hockt und sein Federkranz in schillerndem Pink aufleuchtet. In dieser beeindruckenden Pose, noch dazu mit dem dazugehörigen Gesang, bringt er bestimmt alle Elfenherzen zum Schmelzen!

Wir strecken unseren Essensvorrat auf zehn Tage: der Augen-Hunger ist größer als der andere.

Bergnebelwald
Hängende Gärten im ewigen Nebel. Dem Fotografen bieten sich mehr Scherenschnitt-Impressionen als Farbkaskaden.

Folgende Seiten:
Geoffroy-Klammeraffe oder Spinnenaffe
Sie sind die größten Affen der Neuen Welt und hinreißende Bewegungstalente.

Guatemala-Brüllaffe
Sie gehören zu den größten Affen Mittel- und Südamerikas. Mit ihrem markerschütternden Gebrüll, das bis fünf Kilometer weit zu hören ist, sind sie die lautesten Landtiere unseres Planeten.

Elliotelfe
Dieser Kolibri ist einer der Kleinsten unter den Kleinen, halb so groß wie mein Daumen. Immer wieder flog er auf und landete auf dem kleinen Zweig, den er als Balzansitz gewählt hatte. Es ging um alles: um ein Weib.

Granatkehlkolibri
Im Schwirrflug schlagen seine Flügel 40- bis 80-mal pro Sekunde. Je nach Flügelstellung können die Winzlinge sogar rückwärts oder seitwärts fliegen und in der Luft stehen bleiben. Dabei kommen die Energiebündel auf eine Herzfrequenz von bis zu 500 Schlägen pro Minute.

Folgende Seiten: **Baumgigant**
So einer lässt einen vor Ehrfurcht verstummen. Die Vorstellung, dass er vielleicht schon morgen für Regalbretter oder Lattenzäune geschreddert wird, ist unerträglich. Bisher brachten weltweite Pro-Regenwald-Aktionen noch keine Wende zum Besseren.

FOTOGRAFIEREN IM REGENWALD

Immer wieder werden wir gefragt: Was ist das Wichtigste, das man als Fotograf im Regenwald braucht? Eindeutig: Geduld und Zeit. Und – ja auch das! – eine gewisse Leidensbereitschaft. Vor allem anderen aber: Leidenschaft.

Von meinem Vater bekam ich zum 14. Geburtstag die erste Fotokamera geschenkt. Sie hatte einen roten Auslöser und musste, um den Film weiterzutransportieren, zusammengeschoben werden. Schon damals war es das Größte für mich, die Tier- und Pflanzenwelt abzulichten. Die umliegenden Wälder steckten voller Herausforderungen. An meiner Begeisterung für Naturfotografie hat sich bis heute nichts geändert. Was sich geändert hat, ist der Umfang der Ausrüstung. Die Motive sind exotischer geworden und näher an den Äquator gerückt.

Seit 25 Jahren bin ich auf Fotopirsch durch die Regenwälder der Erde. Dabei hatte ich von Anfang an das große Glück, in Sandra eine Partnerin an meiner Seite zu haben, mit der ich diese Leidenschaft teilen kann. Tag und Nacht sind wir in den Wäldern unterwegs, und gemeinsam freuen wir uns über jeden kleinen Krabbler, der uns über den Weg läuft. Reglos, geplagt von Insekten, verharren wir oft tagelang in Verstecken, um auf Begegnungen zu warten, von denen wir wissen, dass sie eventuell nie stattfinden werden – was unserer Begeisterung aber keinen Abbruch tut. Ohne Sandras Hilfe, die mich trotz eines Lebens zwischen Schlangen, Spinnen, Würmern und Moskitos nach 22 Jahren wilder Ehe geheiratet hat, wären die Aufnahmen in diesem Buch niemals möglich gewesen. Gemeinsam haben wir es uns zur Aufgabe gemacht, die Jahrmillionen alten Urwälder zu dokumentieren und mit unseren Arbeiten für den Erhalt dieses einzigartigen Lebensraumes zu werben.

Die Regenwälder beherbergen mehr – wahrscheinlich weit mehr – als zwei Drittel aller uns bekannten Tier- und Pflanzenarten der Erde, deren Artenreichtum derzeit auf etwa 8,7 Millionen geschätzt wird. Als der berühmte Naturforscher Henry Bates vor über 150 Jahren während seiner Expedition an den Amazonas mit dem Schmetterlingsnetz auf Erkundungstour ging, fing er in einer Stunde 700 Schmetterlinge. 700 verschiedene Schmetterlinge!

Überbordendes Leben! Diese grüne Hölle müsste doch eigentlich das Himmelreich für Naturfotografen sein, oder? Jein. Meiner Meinung nach gehört das Fotografieren im Regenwald zu den schwierigsten Genres der Naturfotografie überhaupt. Es herrscht ständig schwer erträgliche Hitze und das bei einer Luftfeuchtigkeit, die der Ausrüstung und einem selbst heftig zusetzt. Immer sind Linsen und Sucher beschlagen, so dass vor der Aufnahme zunächst einmal Putzen angesagt ist. Diese Dauerübung hat mich schon manchen „guten Schuss“ gekostet.

Uns ist bei der Arbeit oft sehr heiß. Ununterbrochen strömt der Schweiß aus allen Poren, und anstatt zu kühlen, zieht die salzige, appetitlich riechende Suppe eine Vielzahl von hungrigen Tierchen an. Auf Borneo traute ich einmal meinen Augen nicht, als ich im Inneren meines Objektivs einige kleine Käfer entdeckte. Im Dschungel von Surinam verspeisten Ameisen einen Teil unseres Zeltbodens, und selbst von einem Paar Socken, das zum Trocknen auf einer Leine hing, blieben nur einige Fäden zurück.

Außergewöhnliche Perspektiven erreicht man nicht immer trockenen Fußes.

Mit der Kamera im Regenwald
Oben links: Im Tarnzelt. Oft mache ich es den Tieren nach und versuche, mit dem Grün der Umgebung zu verschmelzen.
Oben rechts: Meine Fotoausrüstung und ein enorm wichtiges Teil der Zusatzausrüstung: ein Glücksschwein.
Mitte: Sandra übt den Umgang mit der Saugpumpe; im Notfall lässt sich damit Gift aus einer Bisswunde absaugen.
Unten links: Hin und wieder wird auch der Fotograf zum Objekt.
Unten rechts: Im selbst gebauten Versteck.

Alltag im Regenwald
Oben links: Sandra beim Kochen.
Oben rechts: Mann! Jäger! Mächtig stolz!
Mitte links: Wäsche waschen.
Mitte rechts: Pacus – lecker und geräuchert gut haltbar.
Unten links: Unsere getragenen Socken locken scharenweise Schmetterlinge an.

Lagerplatz gesucht
Ein Boot, meist die einzige Transportmöglichkeit im Regenwald von Surinam, macht den Umzug relativ bequem. Zudem bieten Flussfahrten auch Gelegenheit, sehr scheue Tiere zu beobachten.

Blick über den Regenwald
Das Leben kann nicht schöner sein! Immer wieder werden wir nach unseren „Best ofs“ gefragt. Unsere Antwort: Das Beste war, dass wir das alles gemeinsam erleben konnten.

Oben links: Baden mit Freunden. Shampoo war die Sensation des Tages.
Oben rechts: Mit Sack und Pack unterwegs, allerdings ist das Boot kein absolut zuverlässiges Transportmittel. In der Trockenzeit ist leicht einmal zu wenig Wasser unterm Kiel.

Aber das sind nur die Begleit-Tücken; unser Tagewerk verlangt uns noch einiges mehr an Langmut ab. So ist es zum Beispiel äußerst schwierig, die Waldbewohner überhaupt zu entdecken; noch schwieriger, sie vor die Kamera zu bekommen. Lebewesen im Urwald führen ein Dasein im Verborgenen (die meisten Moskitos und anderen Plagegeister einmal ausgenommen). Es können Wochen, Monate und manchmal sogar Jahre vergehen, bevor der Regenwald einige seiner gut gehüteten Geheimnisse preisgibt. Man muss lernen, die Tricks der Tarnspezialisten zu durchschauen, muss nach anfänglichem Buchstabieren lernen, den Wald zu lesen. Hinter den grünen Vorhang zu blicken, lehrten uns Ureinwohner, mit denen wir monatelang in den Urwäldern unterwegs waren. Dank ihnen konnten wir schließlich auch ohne Fremdhilfe Zweige mit Beinchen und Wandelnde Blätter entdecken. Wir lernten, wie es riecht, wenn Brüllaffen in der Nähe sind, oder mit welchen Rufen man die Aufmerksamkeit von Spinnenaffen auf sich zieht.

Unsere Fotoausrüstung wiegt etwa 25 Kilogramm. Sie besteht aus drei Kameragehäusen, verschiedensten Objektiven mit Brennweiten von 16 bis 500 mm, Stativen, Blitzen, Reflektoren und viel Kleinkram. All das müssen wir täglich zwischen acht und 15 Stunden auf matschigen Pfaden bergauf und bergab durch den Regenwald schleppen. All das wochen- und monatelang zu wuppen, setzt einiges an körperlicher Fitness, Willenskraft und Leidensfähigkeit voraus.

Während der teilweise langen Regenperioden nutzen wir die kurzen Sonnenpausen, um Tiere zu beobachten, die ebenfalls aus ihrem Unterschlupf kriechen und ihr feuchtkaltes Fell oder Federkleid trocknen.

Der überwiegende Teil der Lebewesen bewohnt die lichtdurchfluteten, nahrungsreichen, obersten Etagen im Urwald in über 20 Meter Höhe. Gut für sie, problematisch für uns. Zum einen ist die Schräg-von-unten-Perspektive nicht sonderlich attraktiv, zum anderen bekommt man schnell Probleme mit dem Gegenlicht.

Oben links: Blutegel, auf der Suche nach einem geeigneten Einstieg. Wir haben uns an sie gewöhnt.
Oben rechts: Ein Marsch durch den Regenwald hat öfter einmal was von einer Schlammschlacht.
Folgende Seiten: Unser „Eine Millionen Sterne Hotel".

Fotografisch am ergiebigsten sind – das weiß jeder Naturfotograf – die frühen Morgen- oder späten Nachmittagsstunden. „Stunden" ist bei unseren Locations allerdings keine angemessene Zeitangabe; in Äquatornähe schrumpft die Zeit der sanften und warmen Lichtstimmungen erheblich. Das Blätterdach lässt gerade einmal ein Prozent des Sonnenlichtes zum Waldboden durch und macht das Waldinnere zu einer Dämmerwelt. Das wenige Licht, das direkt und gewissermaßen punktgestrahlt durchdringt, schafft starke Lichtkontraste. Beides zusammen stellt den Fotografen vor die komplizierte Aufgabe, jeweils Kompromisse zwischen Über- und Unterbelichtung zu finden.

Begegnungen mit größeren Regenwaldtieren sind selten, sie sind scheu und meist außer Reichweite der Objektive. Um ihnen aufzulauern und näher zu kommen, verbringen wir Tage in selbst gebauten Verstecken, klettern auf Bäume oder fahren lautlos mit dem Boot an Flussufern entlang. Aus dem anfänglichen Frust darüber hat sich unsere Leidenschaft fürs Kleine, für die Makrofotografie entwickelt. Da gibt es Galaxien kleiner Dinge, in die wir eintauchen, um einen grünen Kosmos wunderlicher Lebewesen zu entdecken. Doch – unredlich wäre es, das zu verschweigen – die Makrofotografie ist etwas sehr Mühseliges. Trotz aller gebotenen Eile sind wir oft minutenlang damit beschäftigt, aus Blitzen und Reflektoren ein kleines Studio um das Objekt unserer Begierde herumzubauen. Dann liegen wir auf dem feuchten Urwaldboden und betreiben nicht selten einen solchen Aufwand, um eine Harmonie aus Licht, Komposition, Entfernung und Schärfe zu finden, dass es dem Model zu viel wird und es uns oft buchstäblich im Regen stehen lässt.

Wir hoffen, dass wir etwas auslösen, indem wir Hunderttausendmal auf den Auslöser drücken: Begeisterung für die Regenwälder. Man schützt nur, was man kennt. Und was man nicht nur kennt, sondern darüber hinaus noch wertschätzt vielleicht erst recht.

DIE AUTOREN

Dieter Schonlau (*1963) und Sandra Hanke (*1968) träumten schon als Kinder davon, die Urwälder zu durchstreifen und deren atemberaubende Vielfalt mit der Kamera einzufangen – ein Traum, der wahr wurde. In faszinierenden Live-Präsentationen (unter anderem im Auftrag des Bundesumweltministeriums, des Bundesamts für Naturschutz und des World Wildlife Fund) begeistern sie mit ihrer Live-Multivisions-Show die Zuschauer für die Schönheit und Artenvielfalt der Regenwälder und machen bewusst, wie lebenswichtig der Schutz dieser Regionen für die Menschheit ist. **www.wildlifephoto.de**

Wenn Dieter Schonlau nicht für einige Monate im Regenwald verschwunden ist, fertigt er als Marzipankünstler kleine Meisterwerke.

IMPRESSUM

Fotos und Texte: Dieter Schonlau und Sandra Hanke

Veröffentlicht von National Geographic Deutschland, Hamburg 2012

Konzept: Alexandra Schlüter
Lektorat: Claus-Peter Lieckfeld
Gesamtgestaltung und Bildredaktion: Erdgeschoss Grafik, Esther Gonstalla | www.erdgeschoss-grafik.de
Schlussredaktion: Anke Taubitz
Koordination: Stephanie Jaeschke
Herstellung: G+J Druckzentrale, Heiko Belitz (Ltg.), Thomas Oehmke
Litho: Mohn media Mohndruck GmbH, Gütersloh
Druck: Grafisches Centrum Cuno, Calbe

Printed in Germany
ISBN 978-3-86690-298-5

REGENWALD SÜDAMERIKAS